HIPÓTESES

Leandro Bertoldo

Hipóteses
Leandro Bertoldo

Dedicatória

Dedico este livro à amorosa e amada
Fofa

"Deus é o autor da ciência". (Conselhos Professores, Pais e Estudantes, 426).

Ellen Gould White
Escritora, conferencista, conselheira, e educadora norte-americana.
(1827-1915)

Sumário

Dados biográficos
Prefácio

1. Biofísica do Fio de Cabelo
2. Estudo do Cheiro
3. Gustalogia
4. Andarilhar
5. Porosidade
6. Magreza
7. Velhice
8. Peneiridade
9. Conceitos Gerais
10. Cinética Viral
11. Quantidade de Dor
12. Teoria da Frequência da Massa de Vento
13. Economia Doméstica
14. Definições Gerais
15. Processo de Produção Capitalista
16. Barralinha
17. Acelerômetro Gravitacional
18. Altímetro Gravitacional (1)
19. Efeito Gravitacional
20. Altímetro Gravitacional (2)

DIVAGAÇÃO
21. Lei Universal Geral
22. Extração de Tingimento
23. Princípios ou Pensamentos
24. Cinegeometria
25. Evolução Comercial
26. Amormetria

27. Marés de Ar
28. Imunodeficiência Adquirida
29. Crítica ao Conceito de Tempo
30. Origem do Vírus
31. A Quinta Órbita
32. Relatividade
33. Origem da Matéria
34. Interação Gravitacional
35. Nucleosfera
36. Hipótese Cosmo-Gravitacional
37. Propriedades do Espaço

Dados biográficos

Leandro Bertoldo é o primeiro filho do casal José Bertoldo Sobrinho e Anita Leandro Bezerra. Tem um irmão chamado Francisco Leandro Bertoldo. Os dois seguiram a carreira no judiciário paulista, incentivados pelo pai, que via algo de desejável na estabilidade do serviço público.

Leandro fez as faculdades de Física e de Direito na Universidade de Mogi das Cruzes – UMC. Seu interesse sempre crescente pela área das exatas vem desde os seus 17 anos, quando começou a escrever algumas teses sérias a respeito do assunto. Em 1995, publicou o seu primeiro livro de Física, que foi um grande sucesso entre os professores universitários. O seu comprometimento com o Direito é resultado de suas atividades junto ao Tribunal de Justiça do Estado de São Paulo.

Leandro casou-se duas vezes e teve uma linda filha do primeiro matrimônio chamada Beatriz Maciel Bertoldo. Sua segunda esposa Daisy Menezes Bertoldo tem sido sua grande companheira e amiga inseparável de todas as horas. Muitas de suas alegrias são proporcionadas pelos seus amados cachorros: Fofa, Pitucha, Calma e Mimo.

Durante sua carreira como cientista contabilizou centenas de artigos e dezenas de livros, todos defendendo teses originais em Física e Matemática, destacando-se: "Teoria Matemática e Mecânica do Dinamismo" (2002); "Teses da Física Clássica e Moderna" (2003); "Cálculo Seguimental" (2005); "Artigos Matemáticos" (2006) e "Geometria Leandroniana" (2007), os quais estão sendo discutidos por vários grupos de pesquisas avançadas nas grandes universidades do país.

Prefácio

Algumas ideias apresentadas nesta obra ocorreram-me de forma inédita. Porém, algum tempo depois descobri que outros estudiosos também haviam pensado sobre o mesmo assunto. Todavia, como se tratava de ideia que passaram de forma inédita em minha mente, fiz questão de manter tais pensamentos nesta obra.

São curiosidades, suposições e hipóteses. Algumas são longas, outras são curtas e outras não passam de fragmentos de pensamentos, que deveriam dar origem a um estudo mais profundo. Algumas das hipóteses apresentadas nesta obra são demonstradas matematicamente, outras são baseadas apenas no raciocínio lógico dedutivo, e ainda outras são racionalizações e imaginações criativas. Reconheço que algumas dessas ideias são pueris. Porém, a presente obra tem por objetivo deixar registradas todas as ideias que me ocorreram em determinado momento de minha vida. Portanto, trata-se de um livro que visa registrar historicamente aquilo que pensei ou deixei de pensar. Pode até mesmo ser que algumas das idéias propostas nesta obra estejam equivocadas, mas todos sabem que é tateando por caminhos tortos que se chega à verdade.

Os trinta e sete artigos que formam o presente livro foram produzidos esporadicamente durante os anos de 1983 a 1985 e 1993 a 1996. O 1° versa sobre o estudo matemático da natureza biológica do fio de cabelo. O 2° realiza o estudo matemático das propriedades do cheiro. O 3° faz uma pesquisa alguns conceitos matemáticos no estudo gustativo. O 4° apresenta algumas grandezas físicas no andar das pessoas. O 5° realiza uma pesquisa matemática sobre a porosidade da matéria. O 6° procura estabelecer uma fórmula para definir o estado de magreza. O 7° define a velhice como uma perda cronológica da vida, sem levar em consideração a constituição física do individuo. O 8° apresenta matematicamente o conceito de peneira. O 9º apresenta três conceitos gerais, como por exemplo, o conceito de "mais ou menos". O 10º desenvolve uma fórmula para calcular a progressão na reprodução dos vírus. O 11º. Procura estudar matematicamente a quantidade de dor. O 12º apresenta uma suposição sobre a massa de vento em seu deslocamento. O 13º desenvolve alguns conceitos matemáticos sobre economia doméstica. O 14º define matematicamente vários conceitos gerais, tais como raridade, paciência, espalhamento etc. O 15º apresenta várias leis matemáticas inéditas visando explicar o processo de produção capitalista. O 16º procura definir matematicamente o centro de gravidade de uma linha presa em suas extremidades. O 17º desenvolve matematicamente uma teoria com o objetivo de construir um aparelho bem simples que meça a aceleração gravitacional. O 18º apresenta uma teoria matemática que possibilite a construção de um aparelho elementar que meça a altitude. O 19º realiza estudos sobre o efeito gravitacional num movimento relativo entre dois corpos. O 20º apresenta novamente uma teoria mais elaborada na construção de um aparelho simples que avalie a altitude. O 21º apresenta o enunciado de uma lei universal sobre o equilíbrio. O 22º apresenta um processo natural para tirar manchas de tingimento simples. O 23º apresenta duas suposições sobre a possibilidade de existência dos fenômenos e sobre um referencial absoluto. O 24º desenvolve uma hipótese sobre a cinemática da parábola e do círculo. O 25º apresenta a tese evolucionista sobre o comércio. O 26º procura estabelecer uma escala para medir o amor. O 27º apresenta a hipótese sobre as marés de ar. O 28º apresenta uma suposição sobre a imunodeficiência adquirida. O 29º desenvolve uma crítica ao conceito de temo como a simples relação entre qualquer movimento regular. O 30º apresenta uma hipótese para explicar a origem dos vírus. O 31º exibe a suposição da quinta órbita para um planeta que não se formou ou explodiu. O 32º desenvolve conceitos sobre o espaço, o tempo e a matéria. O 33º supõe que a origem da matéria está relacionada com a produção de pares. O 34º apresenta a hipótese sobre a origem da força que deforma o espaço em torno da matéria. O 35º procura uma explicação simples para a força nuclear. O 36º apresenta a suposição de que a ação gravitacional depende da natureza que constitui o espaço. O 37º desenvolve a hipótese de que o espaço é a causa das ondas observadas nos corpúsculos.

Diante do exposto, peço humildemente a complacência do leitor. Lembrando sempre que o autor era bastante jovem quando escreveu as suas hipóteses, que se trata de novas idéias em campos desconhecidos e pouco desbravados, mas que o leitor pode colocá-las em seu devido trilho por suas próprias pesquisas. A semente foi lançada, cabe agora ao leitor cultivá-la.

leandrobertoldo@ig.com.br

1. Biofísica do Fio de Cabelo

1. Introdução

Em Biofísica, o "mol" é claramente definido como sendo uma quantidade de tecido que contém um número invariável de células. A esse número invariável de células dá-se o nome de "número de Avogadro". Seu valor numérico é expresso por:

$$\mathbf{A = 6{,}023.\ 10^{23}}$$

Logo, o mol de um tecido é o conjunto de **6,023. 10^{23}** células do mesmo.

Desse modo, um mol da mucosa bucal não tem a mesma massa de um mol do músculo do estômago.

Realmente, uma célula da mucosa bucal tem massa diferente de cada célula do músculo do estômago.

Então, o número de moles (**n**) contido em certa massa (**m**) em gramas do tecido, é expresso por:

n = massa do tecido/massa de um mol

A massa de um mol de células em gramas, caracterizada por (**6,023. 10^{23}**) células do tecido, pode ser denominado por "célula-grama" do tecido. Sendo representada por (**M**). Logo, a relação matemática anterior torna a seguinte forma:

$$\mathbf{n = m/M}$$

2. Definição de Energia Vital Média Por Célula

Sendo (**N**) o número de células e (**E**) a energia vital de um tecido, então resulta que a energia vital média por célula (**e**) é expressa por:

$$\mathbf{e = E/N}$$

Como (**n = N/A**), onde (**A**) corresponde ao número de Avogadro, resulta que:

$$\mathbf{N = n \, . \, A}$$

Portanto, pode-se escrever que:

$$\mathbf{e = E/n \, . \, A}$$

3. Definição de Força Vital

O crescimento de pelos é um dos efeitos da energia vital do órgão.

Com relação ao fio de cabelo, as experiências demonstram que quanto menor for o seu comprimento, maior será sua velocidade de crescimento. Isto porque a força vital da célula torna-se altamente concentrada para o pequeno fio de cabelo e por isso ele cresce com maior vigor. Entretanto, quanto maior for o fio de cabelo, mais distribuída e diluída fica a força vital e, portanto, o desenvolvimento do fio de cabelo torna-se mais lento e fraco.

Por esta razão defino matematicamente a força vital linear (**f**) de energia vital celular (**e**) de um fio de cabelo de comprimento (**L**), como sendo igual ao quociente da energia vital celular, inversa pelo comprimento do fio de cabelo.

Simbolicamente, o referido enunciado é expresso pela seguinte relação:

$$f = e/L$$

As evidências parecem demonstrar que comprimento (**L**) de um fio de cabelo e sua velocidade (**V**) de crescimento são inversamente proporcionais.

Por inversamente proporcional deve-se entender que, se o comprimento do fio de cabelo aumenta, a velocidade de crescimento decresce na mesma proporção.

Simbolicamente pode-se expressar que:

$$L_1 . V_1 = L_2 . V_2$$

Nestas condições, o produto de **L . V = constante** em relação ao comprimento do fio de cabelo (**L**) e à velocidade de crescimento (**V**).

4. Potência em Biofísica

Na natureza biológica ocorrem muitas situações em que é fundamental considerar a rapidez da realização de determinada atividade por uma célula ou por um tecido. Assim, a potência biológica (**p**) pode ser definida como sendo igual ao quociente da energia vital (**E**) inversa pela variação de tempo (**Δt**) de realização de determinado trabalho.

Simbolicamente, pode-se escrever que:

$$p = E/\Delta t$$

5. Concentração Linear de Força Vital

A força vital oriunda da energia celular é distribuída nos seus efeitos. No caso em consideração, o efeito é o crescimento do fio de cabelo.

Matematicamente a distribuição de força vital na extensão de um fio de cabelo é definida por "concentração linear de força vital (μ)". Essa concentração é igual ao quociente de força vital, inversa pelo comprimento do fio de cabelo.

Simbolicamente, o referido enunciado é expresso por:

$$\mu = f/L$$

Isto significa que a concentração será tanto maior quanto maior for a força vital, e tanto menor quanto maior for o comprimento do fio de cabelo.

6. Relações Matemáticas

Apresentei neste artigo as seguintes equações:

a) $\mathbf{e = f \, . \, L}$

b) $\mathbf{f = \mu \, . \, L}$

Substituindo convenientemente as duas últimas expressões, resulta que:

$$e = \mu \, . \, L^2$$

Também, resulta:

$$e = f^2/\mu$$

Também, apresentei a seguinte definição:

c) $\mathbf{e = E/N}$

Substituindo convenientemente as três últimas expressões, vem que:

$$\mathbf{E = N \cdot \mu \cdot L^2}$$

E também que:

$$\mathbf{E = N \cdot f^2/\mu}$$

2. Estudo do Cheiro

1. Introdução

A Cheirologia trata dos fenômenos relativos tanto à propagação do cheiro quanto à sua natureza.

O cheiro é a impressão fisiológica causada, geralmente, pela agitação térmica das substâncias. As moléculas dessas substâncias atingem as nossas narinas através do movimento de agitação molecular.

O nariz percebe os cheiros apenas numa pequena faixa. Pois todas as substâncias numa determinada temperatura permite que suas moléculas entrem em agitação térmica e algumas escapam para o meio ambiente. Os cheiros fracos, cujo nariz não percebe, podem ser denominados por "hipo-cheiro"; os cheiros que o nariz não percebe devido a inexistência de células específica para aquele cheiro, são denominados por "hiper-cheiro".

2. Propagação de Cheiro

O cheiro propaga-se no espaço através da agitação térmica das moléculas das substâncias, e são levadas ao nariz juntamente com o ar que os indivíduos respiram.

3. Cheiro Absoluto

Quando uma determinada massa de alguma substância de cheiro se espalha totalmente num determinado volume de ar, ela se distribui uniformemente através do mesmo.

Então, se (**m_s**) é a massa volatizada presente no volume (**V**) de ar, o cheiro absoluto (**CH**) do ar será expresso pela seguinte relação:

$$CH = m_s/V$$

O cheiro absoluto deve ser expresso em grama por metro cúbico.

4. Fração Molar do Cheiro

Fração molar do cheiro é a razão entre o número de moles do gás-cheiro (**N_1**) pela soma existente entre o número de moles do ar (**N_2**) e do gás-cheiro (**N_1**).

Simbolicamente, pode-se escrever que:

$$F = N_1/(N_1 + N_2)$$

5. Qualidades Fisiológicas do Cheiro

As qualidades fisiológicas dos cheiros são três, a saber: o grau, a intensidade e a cor.

a) Grau

É a qualidade fisiológica que permite distinguir um cheiro forte de um fraco (nível de concentração).

b) Intensidade

É a qualidade fisiológica que possibilita distinguir um cheiro muito intenso de um pouco intenso (nível de duração).

c) Cor

Na falta de outra palavra, a cor é a qualidade fisiológica que possibilita distinguir dois ou mais cheiros de mesmo grau e de mesma intensidade, oriundo de substâncias diferentes.

6. Grau Físico do Cheiro

O grau fisiológico definido no parágrafo anterior refere-se ao grau de narina (atributo subjetivo do cheiro). Para defini-la é necessário intervir um observador; o mesmo ocorrendo com o que chamei de intensidade.

De forma alguma deve ser confundido com "grau do cheiro" que defino, independentemente de qualquer observador, pela seguinte expressão:

$$\mathbf{G = W/V}$$

Onde (**W**) é a energia cinética das moléculas em agitação distribuídas em um volume (**V**), em todas as dimensões. No caso a média da distribuição é esférica.

A geometria espacial mostra que o volume de uma esfera é expresso por:

$$\mathbf{V = 4\pi \, . \, d^3/3}$$

Onde a letra (**d**) representa o raio de uma esfera. Desse modo, substituindo convenientemente as duas últimas expressões, vem que:

$$\mathbf{G = 3W/4\pi \, . \, d^3}$$

A teoria cinética dos graus mostra que a energia cinética apresenta a seguinte equação:

$$\mathbf{W = 3n\,.\,R\,.\,T/2}$$

Onde a letra (**n**) representa o número de moles, a letra (**R**) a constante universal dos gases perfeitos e a letra (**T**) a temperatura.

Substituindo convenientemente as duas últimas expressões, vem que:

$$\mathbf{G = 9n\,.\,R\,.\,T/8\pi\,.\,d^3}$$

Naturalmente os valores das constantes da referida equação, caracterizam uma constante genérica, denominada por constante de Leandro (**L**); ou seja:

$$\mathbf{L = 9R/8\pi}$$

Substituindo convenientemente as duas últimas expressões, vem que:

$$\mathbf{G = L\,.\,n.T/d^3}$$

7. Intensidade do Cheiro

Defino a intensidade de um cheiro como sendo igual ao produto existente entre a energia cinética das moléculas pela área de espalhamento.

Simbolicamente, o referido enunciado é expresso pela seguinte equação:

$$\mathbf{I = W\,.\,A}$$

Naturalmente, o espalhamento ocorre nas três dimensões aproximando de uma esfera, cujo valor da área é representado por:

$$\mathbf{A = 4\pi \cdot d^2}$$

Sendo (**d**) o valor do raio.

Substituindo convenientemente as duas últimas expressões, vem que:

$$\mathbf{I = W \cdot 4\pi \cdot d^2}$$

Sabe-se que a energia cinética das moléculas é expressa por:

$$\mathbf{W = 3n \cdot R \cdot T/2}$$

Substituindo convenientemente as duas últimas expressões, vem que:

$$\mathbf{I = 6\pi \cdot R \cdot n \cdot T \cdot d^2}$$

Na referida expressão o produto entre (**6π . R**), caracteriza uma constante genérica representado por (**B**). Então, substituindo convenientemente as duas últimas expressões, vem que:

$$\mathbf{I = B \cdot n \cdot T \cdot d^2}$$

8. Relação Matemática Entre Grau e Intensidade

Demonstrei que o grau do cheiro é expresso por:

$$\mathbf{G = L \,.\, n \,.\, T/d^3}$$

Também, demonstrei que:

$$\mathbf{I = B \,.\, n \,.\, T \,.\, d^2}$$

Dividindo membro a membro as referidas expressões, vem que:

$$\mathbf{G/I = (L \,.\, n \,.\, T/d^3)/(B \,.\, n \,.\, T \,.\, d^2)}$$

Assim, vem que:

$$\mathbf{G/I = L \,.\, n \,.\, T/B \,.\, n \,.\, T \,.\, d^5}$$

Eliminando os termos em evidência, vem que:

$$\mathbf{G/I = L/B \,.\, d^5}$$

A relação entre (**L/B**), resulta numa constante (α), desse modo, posso escrever que:

$$\mathbf{G/I = \alpha \,.\, 1/d^5}$$

Portanto, resulta que:

$$\mathbf{G = \alpha \,.\, I/d^5}$$

9. Fluxo da Energia Cinética Molecular

Considere uma determinada massa gasosa encerrada num recipiente, como por exemplo, uma garrafa. Ao esquenta-la o gás tende a se dilatar escapando para o meio exterior. Tal fenômeno pode ser entendido como sendo a energia se deslocando de um ponto para outro, até que ocorra um fenômeno fundamental na natureza: o equilíbrio. Pois tudo na natureza tende a um equilíbrio.

Desse modo, posso afirmar que ocorre uma variação de energia, que é expressa pela seguinte formula:

$$\Delta W = W_0 - W_f$$

Onde (W_0), representa a energia inicial do gás, antes do recipiente ser aberto. Tal energia é expressa por:

$$W_0 = 3m_0 . R . T/2M$$

Sendo que (m_0), representa a massa total de gás no recipiente hermeticamente fechado.

Ao abrir o recipiente, o gás no seu estado de energia (W_0), tende a escapar para o meio exterior. E no final do fenômeno o gás resultante nas mesmas condições de temperatura do momento anterior, apresentará uma energia final, caracterizado por (W_f):

$$W_f = 3m_f . R . T/2M$$

Onde (m_f), representa a massa final que fica no recipiente.

Assim, substituindo convenientemente as três últimas expressões, vem que:

$$\Delta W = (3m_0 . R . T/2M) - (3m_f . R . T/2M)$$

Portanto, posso escrever que:

$$\Delta W = 3R . T/2M . (m_0 - m_f)$$

Naturalmente ($\mathbf{m_0} - \mathbf{m_f}$) caracteriza uma variação de massa; e pode ser representada por (**Δm**). Assim, posso escrever que:

$$\Delta W = 3R \, . \, T. \, \Delta m/2M$$

A energia que atravessa a secção do gargalo de uma garrafa no intervalo de tempo caracteriza uma potência.

Simbolicamente, o referido enunciado é expresso por:

$$p = \Delta W/\Delta t$$

Substituindo convenientemente as duas últimas expressões, posso escrever que:

$$p = 3R \, . \, T. \, \Delta m/2M \, . \, \Delta t$$

Porém, a relação entre a massa pela variação de tempo é uma grandeza definida como sendo fluxo de massa (ϕ). Assim, posso escrever que:

$$\phi = \Delta m/\Delta t$$

Substituindo as duas últimas expressões, vem que:

$$p = 3R \, . \, T \, . \, \phi/2M$$

10. Tensão Cinética Molecular

Defino uma grandeza denominada por tensão cinemática molecular (**J**) como sendo igual à potência cinética de um gás que escapa inversa pela área da secção transversal do gargalo.

Simbolicamente, o referido enunciado é expresso por:

$$J = P/A$$

Porém, demonstrei que:

$$p = 3R \cdot T \cdot \phi/2M$$

Substituindo convenientemente as duas últimas expressões, vem que:

$$J = 3R \cdot T \cdot \phi/2M \cdot A$$

11. Variação de Pressão

Considere um gás em um recipiente esférico de forma e volume invariável.

A pressão que o gás exerce nas paredes do recipiente é uniforme.

A equação de Clapeyron permite escrever que:

$$p = M \cdot R \cdot T/V \cdot M$$

Supondo que a massa (**m**) do gás no recipiente é constante, posso definir uma densidade (μ_0).

$$\mu_0 = m/V$$

Onde (**V**) representa o volume do gás ocupando o recipiente. Logicamente, a massa total do (m_t) sistema é igual à soma da massa do recipiente (m_r) com a massa do gás (**m**). Simbolicamente, posso escrever que:

$$m = m_t + m_r$$

Assim, resulta:

$$\mathbf{m = m_t - m_r}$$

Ao fazer um furo no recipiente, a pressão interna tende a se igualar com a pressão externa (atmosférica), ocorrendo o equilíbrio.

Supondo que a temperatura (**T**) que envolve a região onde se encontra o sistema permaneça invariável. Ao fechar a abertura do recipiente verifica-se que resulta uma massa final ($\mathbf{m_f}$) que ocupa o volume (**V**) do recipiente. Assim, tem-se uma pressão final ($\mathbf{p_f}$) caracterizada por:

$$\mathbf{p_f = m_f \,.\, R \,.\, T/V \,.\, M}$$

Naturalmente, tem-se uma densidade final (μ_f), cujo valor é expresso por:

$$\mu_f = \mathbf{m_f/V}$$

Evidentemente a massa final é verificada pela diferença matemática existente entre a massa total ($\mathbf{m_t}$) do sistema pela massa do recipiente ($\mathbf{m_r}$). Simbolicamente, vem que:

$$\mathbf{m_f = m_t - m_r}$$

Com base nas referidas verificações; posso escrever que:

a) $\mathbf{p = \mu_0 \,.\, R \,.\, T/M}$

b) $\mathbf{p_f = \mu_f \,.\, R \,.\, T/m}$

Logicamente, a diferença de pressão é expressa por:

$$\Delta p = p_0 - p_f$$

Substituindo as três últimas expressões, vem que:

$$\Delta p = (\mu_0 . R . T/M) - (\mu_f . R . T/M)$$

Desse modo, resulta que:

$$\Delta p = (R . T/M) . (\mu_0 - \mu_f)$$

É muito interessante observar que a equação:

$$p_f = \mu_f . R . T/M$$

Ou:

$$p_f = \mu_f . R . T/V . M$$

Representa um método prático para a determinação da pressão atmosférica, bastando simplesmente conhecer a temperatura local e a densidade final do gás.

Assim, a densidade pode ser escrita por:

$$\mu_f = m_f/V = (m_t - m_r)/V$$

Na equação ($p_f = m_f . R . T/V . M$), pode-se manter constante o volume (**V**) do recipiente, a molécula grama (**M**) característica do gás e a constante Universal (**R**) dos gases ideais; o que simplifica a expressão anterior para:

$$p_f = y . m_f . T$$

Assim, a pressão final igualada à pressão atmosférica é proporcional à temperatura da região multiplicada pela massa de ar que se encontra no recipiente.

12. Nível do Cheiro

O nível de cheiro pode ser avaliado pela quantidade de energia que atravessa tridimensionalmente uma superfície.

Simbolicamente, posso escrever que:

$$\Psi = W/S$$

Como (**S**) é tridimensional, posso estabelecer uma área de superfície esférica, expressa por:

$$S = 4\pi \cdot d^2$$

Substituindo convenientemente as duas últimas expressões, vem que:

$$\Psi = W/4\pi \cdot d^2$$

Como:

$$W = 3n \cdot R \cdot T/2$$

Posso concluir que:

$$\Psi = 3n \cdot R \cdot T/2 \cdot 4\pi \cdot d^2$$

Como a constante de Leandro (**L**) é expressa por:

$$L = 9R/8\pi$$

Logo, posso concluir que:

$$\Psi = L \cdot n \cdot T/3d^2$$

13. Teor de Cheiro no Ar

Defino o teor de cheiro de uma substância como sendo a relação matemática existente entre a massa da substância de cheiro ($\mathbf{m_s}$) contida em certo volume de ar e a massa de ar ($\mathbf{m_a}$) existente neste mesmo volume, expressa em porcentagem.

Simbolicamente, o referido enunciado é expresso pela seguinte razão:

$$\mathbf{h\% = (m_s/m_a) \cdot 100}$$

Fisiologicamente o cheiro de alguma substância é percebido quando comparado com alguma outra substância cheirosa. É muito interessante a ideia de que um cheiro base possa intensificar drasticamente outro cheiro.

3. Gustalogia

1. Introdução

No presente artigo vou procurar desenvolver os conceitos fundamentais que permitirão medir as grandezas gustativas, tais como o doce, o salgado, o amargo, etc.

Para tal questão é necessário considerar os seguintes conceitos:

a) Condições fundamentais de pressão e temperatura (CFPT)

A referida condição caracteriza o estado de um sistema corresponde à pressão de uma (01) atmosfera e à temperatura de dezoito graus centígrados.

b) Substância gustativa

Defino a substância gustativa como sendo qualquer substância que ao ser misturado ao solvente universal (água) traz um sabor a este último.

Desse modo, a substância gustativa (açúcar) ao ser misturado no solvente universal (água), faz com que esta fique doce. Ou, o sal ao ser misturado à água, provoca nesta, o aparecimento do sabor salgado.

c) Gustavidade

É a qualidade que permite julgar uma mistura gustativa mais forte ou mais fraca do que outra. Ou seja, em duas misturas de mesma natureza, posso afirmar se uma é mais acentuada do que a da outra ou vice-versa.

d) Sensação gustativa

É o primeiro e impreciso critério para introduzir a noção de sabor a uma determinada substância gustativa.

e) Saboridade

É a unidade usual de gustavidade.

f) Gustavidade específica

A gustavidade específica de um determinado solvente mede numericamente a quantidade de substância dissolvida em um grama de solvente ao sofrer a variação de uma saboridade (1 SB), em condições fundamentais de pressão e de temperatura.

2. Unidade de Gustavidade

Defino quantitativamente a unidade de gustavidade (**G**) em termos de variação de uma das grandezas da mistura durante um processo específico. Por exemplo, em condições fundamentais de pressão e temperatura ao dissolver um grama de qualquer substância gustativa em um quilograma de água, digo que o sistema recebeu uma saboridade (**SB**).

Logicamente, posso estabelecer outras unidades, variando apenas a massa da substância gustativa e a massa do solvente universal.

3. Equação Fundamental da Gustalogia

Considere uma determinada quantidade de solvente, onde se dissolve 20 gramas de uma substância gustativa qualquer nas condições fundamentais de pressão e de temperatura. Sua gustavidade se eleva de 200 SB. Outra quantidade de solvente idêntico à primeira, onde se dissolve 60 gramas de uma substância gustativa idêntica à primeira, nas condições fundamentais de pressão e de temperatura. Sua gustavidade de eleva de 600 SB. Tal experiência permite concluir que: "As quantidade de substância gustativa (**m**) dissolvidas num mesmo solvente de mesma massa, são diretamente proporcionais às variações de gustavidade (**ΔG**)".

Simbolicamente, o referido enunciado é expresso pela seguinte igualdade:

$$\mathbf{m = K \,.\, \Delta G}$$

Logicamente numa determinada quantidade de solvente, existe um limite máximo de dissolução nas condições fundamentais de pressão e temperatura.

Agora, considere duas quantidades de solvente de mesma substância, porém de massas diferentes; M_1 = 100 gramas e M_2 = 300 gramas ($\mathbf{M_2 = 3 \,.\, M}$). Para que sofram a mesma variação de gustavidade (**ΔG**), por exemplo, 200 SB, devem ser dissolvidos quantidades de substância gustativa diferentes. Então o solvente (01) recebe m_1 = 20g e o solvente (02) recebe m_2 = 60, isto é ($\mathbf{m_2 = 3 \,.\, m_1}$).

Assim, posso concluir que: "As quantidades de substância gustativa (**m**) dissolvida numa substância solvente de mesma natureza, porém de massas diferentes são diretamente proporcionais à massas (**M**), para igual variação de gustavidade.

Simbolicamente, o referido enunciado é expresso pela seguinte igualdade:

$$\mathbf{m = \alpha \,.\, M}$$

É também um fato experimental que massas iguais de solventes caracterizados por substâncias diferentes exigem, para uma mesma variação de gustavidade, quantidades de substâncias gustativas diferentes entre si.

Tal fato indica que nas transformações desse tipo existe também a influência da natureza da substância solvente.

Resumindo as conclusões anteriores, pode-se enunciar: "As quantidades de substância gustativa (**m**) dissolvida em um solvente é diretamente proporcional à massa do solvente e à gustavidade".

Simbolicamente, o referido enunciado é expresso pela seguinte igualdade:

$$\mathbf{m = \alpha \, . \, M \, . \, G}$$

Nessa expressão, denominada por "Equação Fundamental da Gustalogia", o coeficiente de proporcionalidade (α) é uma característica do solvente, denominada "Gustavidade Específica". Sua unidade usual é deduzida do seguinte modo, como se infere da última equação:

$$\mathbf{\alpha = m/G}$$

Ou seja:

α = unidade de massa/unidade de massa x unidade de gustavidade.

Portanto, vem que:

$$\mathbf{\alpha = 1/\text{unidade de gustavidade}}$$

4. Capacidade Gustativa

Em condições fundamentais de pressão e temperatura, para uma dada massa de solvente, a quantidade de substância gustativa necessária para produzir um determinado acréscimo de gustavidade depende da substância que constitui o solvente. Denomino por "capacidade gustativa" (**c**), de um solvente o quociente entre a quantidade de substância gustativa (**Δm**) fornecida ao solvente e o correspondente acréscimo de gustavidade (**ΔG**).

Simbolicamente, o referido enunciado é expresso pela seguinte relação:

$$\mathbf{c = \Delta m / \Delta G}$$

Desejo expressar que a palavras "capacidade" não deve ser interprestada como "a capacidade de reter algo", uma vez que neste presente artigo ela significa, simplesmente, a quantidade de substância gustativa misturada em um solvente para elevar a uma unidade de sua gustavidade.

5. Gustavidade Específica

A capacidade gustativa por unidade de substância solvente é denominada por "gustavidade específica", depende da natureza da substância da qual o solvente é feito e é definido como o quociente entre sua capacidade gustativa e sua massa.

Simbolicamente, o referido enunciado é expresso por:

$$\mathbf{\alpha = c/M = \Delta m/M \,.\, \Delta G}$$

Tanto a capacidade gustativa quanto a gustavidade específica de uma dada substância solvente não são constantes absolutas; porém, depende da pressão e temperatura, foi por esse motivo que considerei o estudo (**CFPT**). Fora de tais condições, as equações anteriores fornecem apenas os valores médios destas grandezas no intervalo de pressão e temperatura consideradas. Portanto, a uma dada pressão e temperatura, a gustavidade específica de um solvente é definida como:

$$\alpha = dm/M \,.\, dG$$

A partir de tal expressão, a quantidade de substância gustativa dissolvida a uma determinada massa de solvente, para levá-lo da gustavidade (G_i) à gustavidade (G_f), é calculada por:

$$m = M \int_{Gi}^{Gf} \alpha \,.\, dG$$

6. Princípios de Gustalogia

Colocando-se juntas duas misturas idênticas, porém de gustavidades diferentes de modo a constituírem um sistema isolado:

a) Ocorrerá passagem de substância gustativa da solução de maior gustavidade para a de menor gustavidade, até atingirem o "equilíbrio gustativo" (todas as misturas com a mesma gustavidade);

b) A substância gustativa ganha por uma mistura e é igual à perdia pela outra, que foi juntada à primeira.

Portanto, posso escrever matematicamente que:

$$m_g + m_p = 0$$

Ou ainda que:

$$\sum m = 0$$

4. Andarilhar

1. Introdução

Defino a ciência "andarilhar", como sendo o estudo da arte de caminhar a pé.

2. Passo

O passo é o movimento de um indivíduo que avança ou recua os pés, para ele próprio avançar ou recuar.

Defino matematicamente o passo de um indivíduo, como sendo a distância que separa um pé do outro numa passada.

Simbolicamente, o passo é representado pela seguinte letra: **p**

3. Caminhar

Defino matematicamente a grandeza caminhar (**c**), como sendo igual ao número (**n**) de passos multiplicados pelo comprimento do passo (**p**).

Simbolicamente, o referido enunciado é expresso por:

$$c = n \cdot p$$

Naturalmente, em tal expressão suponho que os passos sejam uniformes.

Com isto estou afirmando que:

$$p = p_1 = p_2 = \ldots = p_n$$

Caso os comprimentos dos passos não sejam uniformes, posso afirmar que o caminhar é igual à somatória dos comprimentos dos passos.

Simbolicamente, o referido enunciado é expresso por:

$$\mathbf{c = \sum p}$$

4. Velocidade

A velocidade (**V**) de um indivíduo que anda é igual ao quociente do caminhar, inverso pela variação de tempo decorrido.

Simbolicamente, o referido enunciado é expresso pela seguinte relação:

$$\mathbf{V = c/\Delta t}$$

Ocorre que afirmei:

$$\mathbf{c = n \, . \, p}$$

Substituindo convenientemente as duas últimas expressões, vem que:

$$\mathbf{V = n \, . \, p/\Delta t}$$

Porém, a frequência de passos uniformes é igual à relação matemática existente entre o número de passos, pela variação de tempo.

Simbolicamente, o referido enunciado é expresso por:

$$\mathbf{f = n/\Delta t}$$

Substituindo convenientemente as duas últimas expressões, vem que:

$$\mathbf{V = f \cdot p}$$

Também, sabe-se que a frequência do número de passos é igual ao inverso do período de tempo (**T**) de cada passo.

O referido enunciado é expresso por:

$$\mathbf{f = 1/T}$$

Substituindo convenientemente as duas últimas expressões, vem que:

$$\mathbf{V = p/T}$$

5. Energia Cinética

A energia cinética de um corpo em movimento é definida como sendo igual à metade do produto existente entre a massa de tal corpo pelo quadrado de sua velocidade.

Simbolicamente, o referido enunciado é expresso por:

$$\mathbf{W = m \cdot V^2/2}$$

Demonstrei que a velocidade de um indivíduo que anda é expressa pelo produto existente entre a frequência do número de passos pelo comprimento do passo.

Simbolicamente, o referido enunciado é expresso por:

$$\mathbf{V = f \cdot p}$$

Substituindo convenientemente as duas últimas expressões, vem que:

$$W = m \cdot f^2 \cdot p^2/2$$

Logo posso afirmar que a energia cinética que um indivíduo apresenta ao andar é igual à metade do produto existente entre a massa de seu corpo pelo quadrado da frequência do número de passos pelo quadrado do comprimento do passo.

6. Correr

Segundo os conceitos apresentados neste artigo, posso afirmar que correr, significa aumentar a velocidade; ou seja, aumentando-se a frequência do número de passos para um determinado valor, sem necessariamente aumentar o comprimento do passo.

7. Andar Ligeiro

Segundo os conceitos aqui apresentados, digo que andar ligeiro, significa aumentar a velocidade; ou seja, aumentando-se o comprimento do passo, sem necessariamente aumentar a frequência do número de passos.

5. Porosidade

1. Introdução

A porosidade é uma grandeza matemática que mede a concentração de poros na matéria.

2. Porosidade Normal

Então seja (**N**) o número de poros numa dada amostra de matéria, e seja (**m**) a massa dessa amostra. Então, defino a porosidade (**p**) dessa amostra, como sendo a relação matemática entre o número de poros e a massa.

Simbolicamente, pode-se escrever:

$$\mathbf{p = N/m}$$

3. Porosidade de Referência

Também é possível definir uma porosidade de referência ($\mathbf{p_r}$). Para isso, considere duas amostra de matéria (**a**) e (**b**), de porosidades normais ($\mathbf{p_a}$) e ($\mathbf{p_b}$), respectivamente. Defino porosidade da amostra (**a**) em relação à amostra (**b**) por meio da seguinte relação matemática:

$$\mathbf{p_r = p_a/p_b}$$

Deve-se observar que a grandeza chamada por porosidade de referência é adimensional e constitui uma maneira de se comparar a porosidade de duas amostras distintas.

4. Densidade e Porosidade Normal

A densidade da matéria é definida pela relação matemática existente entre sua massa pelo volume.

Simbolicamente, o referido enunciado é expresso por:

$$\mu = m/V$$

Substituindo convenientemente a referida expressão com aquela que define a porosidade normal, resulta que:

$$\mu \,.\, p = (m/V) \,.\, (N/m)$$

Eliminando os termos em evidência, resulta que:

$$\mu \,.\, p = N/V$$

Portanto, densidade multiplicada por porosidade é igual à relação matemática entre número de poros e o volume da amostra.

6. Magreza

1. Introdução

Defino matematicamente a magreza de uma pessoa como sendo igual à relação matemática entre o comprimento (altura) desse indivíduo pela massa do mesmo.

Simbolicamente, teríamos a seguinte fórmula:

$$\mu = h/m$$

Isto significa que quanto maior a altura do indivíduo, tanto mais magro será; e quanto menor a massa desse indivíduo, tanto mais magro será.

Defino a grandeza denominada por gorducho, como sendo a relação existente entre a massa de um indivíduo, pela sua altura (ou comprimento).

Simbolicamente, teríamos a seguinte expressão:

$$g = m/h$$

Assim, quanto maior for a massa de um indivíduo, tanto mais gorducho será, e quanto maior for a altura, tanto menos gorducho será.

Relacionando as duas últimas expressões, tem-se o seguinte resultado:

$$\mu \cdot g = (h/m) \cdot (m/h)$$

Logo, vem que:

$$\mu \cdot g = 1$$

7. Velhice

1. Introdução

Defino a velhice como sendo a perda de valor cronológico da vida de um ser.

Para o cálculo da velhice de um indivíduo, normalmente deve ser feita a previsão da vida física útil do mesmo, a qual varia com as diversas raças e também com o local e condições sociais. O mais comum seria empregar um valor médio de vida física.

Uma vez feita essa previsão, sua velhice cronológica pode ser determinada mediante a equação que apresentarei a seguir:

$$\mathbf{V = T/T_m}$$

Onde a letra (**T**), representa a idade do indivíduo até aquele momento. A letra ($\mathbf{T_m}$) representa o tempo de vida média prevista para o elemento considerado.

A vida média dos homens pode ser estimada com 60 a 75 anos.

A referida expressão também serve para avaliação de animais.

8. Peneiridade

1. Introdução

A peneiridade é uma grandeza física que avalia matematicamente a concentração de vazios numa peneira.

2. Conceito de Peneiridade Absoluta

Denomina-se peneiridade absoluta (**i**) de uma peneira ou rede, a razão entre o número de buracos da peneira (**n**) e sua área (**A**). A expressão matemática para essa definição é a seguinte:

Peneiridade = números de buracos da peneira/área da peneira

$$\mathbf{i = n/A}$$

3. Conceito de Peneiridade Relativa

A peneiridade relativa ($\mathbf{i_r}$) de uma peneira é a razão existente entre o número de buracos ($\mathbf{n_1}$) da peneira (**1**) e o número de buracos ($\mathbf{n_2}$) de igual área de outra peneira (**2**).

Simbolicamente, pode-se escrever que:

$$\mathbf{i_r = n_1/n_2}$$

Evidentemente, por ser a razão matemática entre dois valores da mesma grandeza, a peneiridade relativa não apresenta unidade. É expressa por um número puro.

4. Relação de Peneiridades

A partir da definição expressa para a peneiridade relativa, é possível demonstrar que a peneiridade de uma peneira em relação à outra é igual à razão entre as peneiridades absolutas dessas peneiras. Logicamente, dividindo-se os números de buracos ($\mathbf{n_1}$) e ($\mathbf{n_2}$), da última expressão, pela área da peneira, que apresenta o mesmo valor em ambas as peneiras; resulta que:

$$\mathbf{i_r = (n_1/A)/(n_2/A)}$$

Como o produto dos meios é igual ao dos extremos, resulta que:

$$\mathbf{i_r = i_1/i_2}$$

Portanto, a peneiridade relativa é igual à relação matemática existente entre a peneiridade de uma peneira, pela peneiridade de outra.

9. Conceitos Gerais

1. Mais ou Menos

Entendo que a grandeza "mais ou menos" (±) como sendo a média de um valor máximo ($\mathbf{x}_{mx}$) com um valor mínimo ($\mathbf{x}_{mn}$).

Simbolicamente, o referido enunciado é expresso por:

$$\pm = \mathbf{x}_{mx} + \mathbf{x}_{mn}/2$$

2. Contatos Afetivos

Os contatos sexuais entre os seres humanos podem ser classificados em três classes; a saber:

1ª. Contatos de primeiro nível

É aquele que onde ocorre a observação visual.

2ª. Contatos de segundo nível

Ocorre com a observação visual e com o tato.

3ª. Contatos de terceiro nível

É aquele onde ocorre o contato visual, tato e coito.

3. Velocidade Natural e Relativa

No movimento uniforme, pode-se afirmar que a velocidade de um móvel é a relação entre o espaço percorrido, pelo tempo gasto em percorrê-lo.

Simbolicamente, pode-se escrever que:

$$v = S/t$$

Porém, segundo Einstein o tempo é relativo é expresso por:

$$t = t_0/\sqrt{[1 - (v^2/c^2)]}$$

Então se verificando a velocidade de um corpo qualquer em relação ao conceito de tempo relativo, pode-se escrever que:

$$v = S \,.\, \sqrt{[1 - (v^2/c^2)]}/t_0$$

Definindo uma velocidade natural em termos de fluxo temporal natural, pode-se escrever que:

$$v_n = S/t_0$$

Substituindo as duas últimas expressões, vem que:

$$v = v_n \,.\, \sqrt{[1 - (v^2/c^2)]}$$

10. Cinética Viral

1. Introdução

A Cinética Viral é a ciência que tem por objetivo estudar quantitativamente a reprodução dos vírus.

2. Velocidade de Reprodução

Na reprodução dos vírus, observa-se que se trata de um fenômeno estatístico. Em outros termos: nenhuma previsão de quanto tempo levará para reproduzir-se pode ser feita para um determinado vírus, porém se examinar um número grande de vírus pode-se prever o número de reproduções que ocorrerão em certo intervalo de tempo. Tal previsão será tanto mais próxima da realidade quanto maior o número de vírus na amostra.

Então considere uma amostra possuindo ($\mathbf{n_0}$) vírus iniciais.

Vou supor que estes vírus possam reproduzir-se em iguais condições ambientais. Todos os vírus filho serão contados como uma unidade viral.

Ao fim de um tempo (**t**) tem-se (**n**) vírus que ainda não reproduziram.

Então, o número de vírus que já reproduziram é expresso por:

$$\mathbf{n_0 - n}$$

Chamarei de:

$$\Delta n = n - n_0$$

A diferença entre o número de vírus final e inicial da amostra.

Observe que em relação à amostra inicial (**Δn**) é sempre negativo.

Sendo (**Δt**) o tempo decorrido para que apareça a diferença (**Δn**), posso definir a velocidade de reprodução (**V**), pela seguinte relação:

$$V = \Delta n / \Delta t$$

Observe que, sendo (**Δn**) sempre negativo, (**V**) será negativo. Isto simplesmente quer dizer que, na amostra inicial, o número de vírus está diminuindo.

3. Coeficiente

Ao concluir que a reprodução viral é um fenômeno estatístico, então, posso afirmar que, quanto maior o número (**n**) de vírus na amostra considerada, tanto maior será a velocidade de reprodução viral.

Para cada grupo de vírus, pode-se determinar um coeficiente, que relaciona o número de reprodução com a velocidade de reprodução.

Assim, posso escrever que:

$$V = -\alpha \cdot n$$

O sinal negativo é porque a velocidade tem sinal negativo. A letra (α) representa o coeficiente.

4. Natureza do Coeficiente

Demonstrei que:

a) $\mathbf{V = \Delta n/\Delta t}$

b) $\mathbf{V = -\,\alpha \,.\, n}$

Igualando convenientemente as duas últimas expressões, vem que:

$$\mathbf{\Delta n/\Delta t = -\,\alpha \,.\, n}$$

Logo, posso estabelecer que:

$$\mathbf{\alpha = (-\,\Delta n/n) \,.\, (1/\Delta t)}$$

Porém, sabe-se que:

$$\mathbf{\Delta n = n - n_0}$$

Assim, posso concluir:

$$\mathbf{-\,\Delta n = (n_0 - n)}$$

Portanto, posso afirmar que:

$$\mathbf{-\,\Delta n/n}$$

Representa a fração de vírus que se reproduziram. E quando (**$\Delta t = 1$**), então, numericamente, tem-se:

$$\mathbf{\alpha = -\,\Delta n/n}$$

Desse modo, pode-se afirmar que (α) representa a fração de vírus que se reproduziram na unidade de tempo.

É evidente que para uma amostra de vírus, quanto maior o valor do coeficiente mais ativa será a ação dos vírus.

5. Vida Média de Reprodução Viral

Pela probabilidade, defino a vida média de reprodução viral como sendo igual ao inverso do coeficiente.

Simbolicamente, posso escrever que:

$$\phi = 1/\alpha$$

6. Semi-Reprodução

Seja uma amostra com ($\mathbf{n_0}$) vírus iniciais. Após um determinado intervalo de tempo, tem-se $\mathbf{n_o/2}$ vírus que não se reproduziram.

Definirei esse tempo de (**p**), período de semi-reprodução. Se continuar observando a amostra inicial, é de se prever após mais um período, tem-se uma reprodução de mais 50% dos vírus restantes. Ou seja, em relação a ($\mathbf{n_0}$), tem-se como vírus restando a reproduzir apenas $\mathbf{n_0/4}$; após um período, tem-se apenas $\mathbf{n_0/8}$ vírus e assim sucessivamente.

Passados (**x**) períodos, tem-se genericamente (**n**) vírus restantes da amostra inicial. Observe que, se considerar os números de vírus na amostra em intervalo de um período, esses números constituem uma progressão geométrica de razão (**1/2**).

Sabe-se que uma progressão pode ser representada por:

($\mathbf{a_1, a_2, a_3..., a_k}$) quando se tem (**k**) termos.

Como no intervalo inicial, tem-se (**n_0**) vírus, sendo (**n_0**). Já, o primeiro termo da progressão geométrica, e ainda com zero período, verifica-se que:

$$\mathbf{k = x + 1}$$

O primeiro termo de tal progressão é o (**n_0**) e o último termo é o (**n**), que corresponde ao (**a_k**).

Assim, posso escrever que:

$$\mathbf{n = n_0 \,.\, (1/2)^{k-1} = n_0 \,.\, (1/2)^x}$$

Ou seja:

$$\mathbf{n = n_0/2^x}$$

Pode-se relacionar o número de períodos com o tempo observado pela seguinte expressão:

$$\mathbf{t = x \,.\, p}$$

7. Equação Geral

Afirmei que a velocidade é expressa por:

$$\mathbf{V = dn/dt}$$

Mas, sabe-se que:

$$\mathbf{V = -\alpha \,.\, n}$$

Portanto, vem que:

$$\mathbf{dn/dt = -\alpha \,.\, n}$$

Ou seja:

$$\mathbf{dn/n = -\alpha\,.\,dt}$$

Após a integração da diferencial, tem-se que:

$$\int \mathbf{dn/n} = \int \mathbf{-\alpha\,.\,dt}$$

$$\mathbf{\log_e n = -\alpha t + k}$$

Onde a letra (**e**), representa a base dos logaritmos neperianos e onde (**k**) representa um constante.

Ao eliminar a forma logaritma, vem que:

$$\mathbf{n = e^{-\alpha\,.\,t + k}}$$

Ou seja:

$$\mathbf{n = e^{-\alpha\,.\,t}\,.\,e^{k}}$$

Quando $\mathbf{t = 0}$; tem-se que $\mathbf{n = n_0}$

Porém: $\mathbf{t = 0}$; $\mathbf{e^{-\alpha\,.\,t} = 1}$ e $\mathbf{n = e^{k}}$

Logo, posso escrever que:

$$\mathbf{n_0 = e^{k}}$$

Assim, a equação geral será expressa por:

$$\mathbf{n = n_0\,.\,e^{-\alpha\,.\,t}}$$

11. Quantidade de Dor

1. Introdução

A quantidade de dor é uma grandeza importante para a análise da dor dos indivíduos. Neste artigo vou procurar estabelecer a equação fundamental da dor.

2. Definição

Defino a grandeza quantidade de dor como sendo produto existente entre a intensidade da dor pela variação de tempo em que atua a dor.

Simbolicamente, o referido enunciado é expresso pela seguinte expressão:

$$\mathbf{Q = I \cdot \Delta t}$$

3. Dor de Puxão

Quando a dor é um puxão de pelos do corpo, a intensidade de tal dor é proporcional ou igual à intensidade de força que puxa o pelo do organismo.

Simbolicamente, posso escrever que:

$$\mathbf{I = K \cdot F}$$

Cada fio de pelo puxado exerce uma dor, portanto (**n**) pelos puxados exercerão (**n**) dores:

$$\mathbf{I = n \,.\, k \,.\, F}$$

Desse modo com relação à dor do puxão de pelo, posso afirmar que sua quantidade é expressa por:

$$\mathbf{Q = n \,.\, k \,.\, F \,.\, \Delta t}$$

Com tal expressão, estou supondo a força que puxa cada pelo é a mesma em intensidade que puxa os demais pelos. Entretanto se forem forças distintas que puxam cada pelo, deve-se realizar uma somatória. Portanto posso escrever que:

$$\mathbf{\Sigma = n \,.\, k \,.\, F \,.\, \Delta t}$$

4. Intensidade de Dor

A experiência mostra que a intensidade de dor ($\mathbf{I = \Sigma F}$) ou ($\mathbf{I = n \,.\, F}$) é diferente em cada região do organismo. Assim, um puxão de cabelo é menos dolorido que um puxão de pelos dos braços. Indicando que a intensidade é proporcional à força.

Simbolicamente, pode-se escrever que:

$$\mathbf{I = k \,.\, \Sigma F}$$

Ou

$$\mathbf{I = k \,.\, n \,.\, F}$$

5. Grau de Dor

O grau de dor é uma grandeza definida pela constante (**k**) em produto com a quantidade de dor.

Simbolicamente, pode-se escrever que:

$$G = k \cdot Q$$

6. Observação

As grandezas apresentadas no presente tratado é um atributo subjetivo do fenômeno mecânico. Portanto é evidente que para defini-las é necessário fazer intervir um observador.

7. Timbre da Dor

O timbre da dor é a qualidade que permite distinguir duas dores de mesmo nível oriundas de pontos diferentes do organismo.

8. Nível de Dor

Nível de dor é a quantidade que permite distinguir uma dor aguda e uma dor grave.

9. Intensidade

Intensidade é a qualidade que permite distinguir uma dor forte de uma dor fraca.

12. Teoria da Frequência da Massa de Vento

1. Introdução

A observação de uma rajada de vento sobre o deserto ou sobre uma região com areia no solo permite verificar que após a rajada de vento, a superfície de área apresenta uma forma ondulada com areia acumulada em pontos que denominei por "pontos modais", resultado da alteração da pressão no movimento do ar.

Supondo que o vento e o resultado de uma vibração da massa de ar, caracterizando uma frequência (**f**).

Sendo a distância (**d**) entre dois pontos modais de meio comprimento de onda da massa de ar, tem-se que:

$$\mathbf{d = \lambda/2}$$

Porém, sabe-se que:

$$\mathbf{V = \lambda \, . \, f}$$

Onde (**V**) é a velocidade da massa de ar; onde (**λ**) é o comprimento de onda da massa de ar.

Assim, substituindo convenientemente as duas últimas expressões, vem que:

$$\mathbf{V = 2d \, . \, f}$$

Como a velocidade (**V**) é facilmente conhecida, e a distância (**d**) pode ser mediada, então se pode calcular a frequência da massa de vento, pela seguinte equação:

$$\mathbf{f = V/2d}$$

Assim, os movimentos do ar originam de uma região de baixa pressão, que se espalha imediatamente atrás da região de alta pressão, caracterizando sucessivas camadas de compressão e rarefação.

13. Economia Doméstica

1. Hipótese

"Um dos efeitos do trabalho tem como resultado o salário do trabalhador".

2. Ganhos

No presente estudo vou procurar estabelecer a noção matemática de alguns conceitos relacionados com a economia doméstica.

Dentro desta linha de pensamento defino uma grandeza chamada ganhos como sendo igual à relação matemática existente entre a quantia ganha pelo tempo de duração daquele trabalho.

Simbolicamente, o referido enunciado é expresso por:

$$G = S/\Delta t$$

Os ganhos refletem a intensidade da riqueza do trabalhador.

3. Gastamento

A grandeza "gastamento" caracteriza a intensidade com que a riqueza é dissipada. Ela é igual ao quociente da quantia gasta do salário, inversa pelo intervalo de tempo de duração do trabalho.

O referido enunciado é expresso simbolicamente por:

$$\mathbf{b = g/\Delta t}$$

4. Poupamento

O poupamento é definido como sendo igual ao quociente do valor economizado do salário, inverso pela duração do intervalo de tempo de trabalho.

Pode-se escrever simbolicamente que:

$$\mathbf{e = E/\Delta t}$$

5. Economia

O trabalhador converte em salário o seu trabalho. Entretanto, nem todo o salário recebido pelo trabalhador é economizado. Isto ocorre, pois os trabalhadores, regra geral, apresentam necessidades pessoais que é representada pelos gastos. Pode-se, então, estabelecer a seguinte relação:

Economia = Salário - Gastos

Simbolicamente, pode-se escrever que:

$$\mathbf{E = S - g}$$

Portanto, a economia é a grandeza matemática resultado da diferença entre o salário do trabalhador e os seus gastos.

Uma relação semelhante pode ser escrita em termos de poupamento, ganhos e gastamento:

$$\mathbf{e = G - b}$$

6. Rendimento Econômico

O rendimento econômico de um trabalhador pode ser dado pelo quociente entre o poupamento e os ganhos.

Algebricamente tem-se que:

$$\mathbf{r = e/G}$$

Evidentemente é possível estabelecer que o rendimento econômico (**r**) de um trabalhador é igual ao quociente da economia (**E**), inversa pelo salário (**S**).

Simbolicamente, pode-se estabelecer que:

$$\mathbf{r = E/S}$$

Como:

$$\mathbf{E = S - g}$$

Resulta que:

$$\mathbf{r = (S - g)/S}$$

Eliminando os termos em evidência, resulta que:

$$\mathbf{r = 1 - (g/S)}$$

7. Índice de Economia

O índice de economia pode ser definido matematicamente como sendo igual ao valor dos bens disponíveis, inverso pelo valor dos bens gastos:

Índice de economia = Bens disponíveis/Bens gastos

14. Definições Gerais

1. Raridade

A raridade de uma substância é relativa a uma substância de referência.

Portanto, dada duas substâncias (**A**) e (**B**), a raridade é a razão entre a quantidade da substância (**A**) e quantidade da substância (**B**).

Simbolicamente, pode-se escrever que:

$$r = S_A/S_B$$

2. Paciência

O conceito de paciência está relacionado com o atraso de um fenômeno qualquer que deveria ocorrer dentro de um período de tempo.

Portanto, se um fenômeno deveria ocorrer dentro de um período (**T**) esperando, passa a ocorrer num intervalo de tempo (**Δt**), a paciência será definida como se segue:

$$p = \Delta t/T$$

Logo, a paciência é igual à relação matemática existente num intervalo de tempo de espera, pelo período que deveria ocorrer.

3. Rendimento

O rendimento é definido como sendo igual ao quociente da capacidade empírica, inversa pela capacidade teórica.

Simbolicamente, pode-se escrever que:

R = E/T

4. Espalhamento

O espalhamento de qualquer coisa é igual à relação entre a área (**A**) do perímetro de elementos espalhados, pela quantidade (**Q**) de elementos espalhados.

O referido enunciado pode ser expresso simbolicamente por:

E = A/Q

5. Índice de um Ralo

O índice de um ralo é definido como sendo igual a razão entre a quantidade de furos (**q**) do ralo, pela área (**A**) perimétrica do ralo.

Simbolicamente pode-se estabelecer a seguinte relação:

i = q/A

15. Processo de Produção Capitalista

1. Introdução

A existência do capitalismo justifica-se fundamentalmente pelo processo de produção de "mais valia".

A "mais valia" é um excedente quantitativo de trabalho que se prolonga além do processo de "produção de valor".

O processo de "produzir valor" tem sua duração até o momento em que o valor da força de trabalho pago pelo capital é trocado por um equivalente.

2. Primeira Lei do Capitalismo

No capitalismo existem dois tipos de processo de trocas de trabalho com o capital: a força de trabalho trocada com o capitalista (**Q**) e o trabalho realizado na produção de "mais valia" (ϑ).

O trabalho empregado na "produção de valor" (**U**) no sistema capitalista está relacionado com o balanço de trabalho entre essas duas quantidades.

Logo, sendo (**Q**) a força de trabalho trocada pelo capitalista, (ϑ) o trabalho excedente e (**U**) a produção de valor interno do sistema, pode-se escrever que:

$$U = Q - \vartheta$$

A referida equação traduz de forma analítica o que poderia ser chamada de "primeira lei do capitalismo", que pode ser enunciada da seguinte forma:

"A produção de valor no sistema capitalista é expressa pela diferença entre a força de trabalho comprada pelo capitalista e o trabalho realizado no processo de produção de mais valia".

3. Consequências

Nestas condições, podemos considerar algumas consequências ao analisarmos a primeira lei do capitalismo.

1º. $\mathbf{Q > \vartheta}$ - Isto implica que a força de trabalho comprada pelo capitalista é maior do que o trabalho realizado na produção de mais valia. Nestas condições ocorre um aumento na produção de valor (**$\mathbf{U > 0}$**).

2º. $\mathbf{\vartheta = 0}$ - Nestas condições o trabalho da produção de mais valia é nulo, pois a força de trabalho comprada limitou-se apenas à "produção de valor". Houve somente a substituição equivalente do capital investido pelo "valor-de-uso". Ou então não houve qualquer processo de troca.

3º. $\mathbf{U = Q}$ - Quando ocorre essa situação pode-se afirmar categoricamente que o trabalho empregado na produção de valor limitou-se à quantidade de força de trabalho trocada com o capitalista pela primeira lei temos que: **$\mathbf{\vartheta = 0}$**.

4º. $\mathbf{U = 0}$ - Nesta situação o trabalho na produção de valor é nulo. Isto implica pela primeira lei que: **$\mathbf{Q = \vartheta}$**. Assim a força de trabalho é igual ao trabalho realizado na produção de mais valia. Isto significa que o capitalista não necessitou do trabalho de produção de valor. Muito provavelmente porque empregou o processo de expropriação de objeto de trabalho e de força de trabalho.

5º. Q = 0 - Nesta situação o capitalista não adquire a força de trabalho. Conforme a primeira lei tem-se que: **U = – ϑ**. Portanto a produção de valor é igual e de sinal contrário ao trabalho realizado na transformação.

4. Rendimento

No estudo do capitalismo evidencia-se que uma diferença de trabalho entre o processo de produzir valor e o processo de produzir mais valia é tão importante para o sistema capitalista, que disso depende sua razão de existir. Diante disso pode-se estabelecer que:

"Para que um sistema capitalista consiga converter a força de trabalho comprada, de forma contínua, deve operar em ciclo entre dois processos de produção, um de produção de valor e outro de produção de mais valia: absorve a fonte de trabalho (**Q**), converte-o parcialmente no processo de produção de valor (**U**) e o restante absorve no processo de produção de mais valia (**ϑ**)".

Desse modo pode-se afirmar que o rendimento (η) do sistema capitalista é igual à relação matemática entre o valor do trabalho no processo de produção de mais valia (**ϑ**) pelo valor da força de trabalho adquirida pelo sistema (**Q**).

Simbolicamente pode-se escrever que:

$$\eta = \vartheta / Q$$

Entretanto, sabe-se que:

$$U = Q - \vartheta$$

Ou seja:

$$\vartheta = Q - U$$

Substituindo convenientemente as referidas expressões, pode-se escrever que:

$$\eta = (\mathbf{Q} - \mathbf{U})/\mathbf{Q}$$

O que resulta em:

$$\eta = \mathbf{1} - (\mathbf{U}/\mathbf{Q})$$

O rendimento no sistema capitalista pode apresentar um valor "máximo possível, porém nunca pode alcançar 100% (η = **1**), pois a força de trabalho 'comprada' seria convertida integralmente em 'mais valia'". Isto é uma impossibilidade, já que a força de trabalho e o objeto de trabalho são comprados.

5. Segunda Lei do Capitalismo

A conclusão anterior permite enunciar a segunda lei do capitalismo nos seguintes termos:

"É impossível construir um sistema capitalista, operando na produção de valor e na mais valia, com o único propósito de converter integralmente a força de trabalho comprada em mais valia".

No sistema capitalista, quando a força de trabalho é comprada (**Q**), ela é parcialmente absorvida na produção de valor (**U**) e parcialmente absorvida na produção de mais valia (ϑ), de modo que:

$$\mathbf{Q} = \mathbf{U} + \vartheta$$

Considerando a necessidade de avaliar a proporção da força de trabalho adquirida que sofre os processos de produção de valor e de mais valia, podem-se definir as seguintes grandezas adimensionais:

a) poder de valor: $\mathbf{r = U/Q}$

b) poder de valia: $\mathbf{v = \vartheta/Q}$

Somando as duas grandezas, obtém-se que:

$$\mathbf{r + v = (U/Q) + (\vartheta/Q) = (U + \vartheta)/Q = Q/Q}$$

Portanto resulta que:

$$\mathbf{r + v = 1}$$

6. Eficiência do Sistema Capitalista

No capitalismo é fundamental considerar a rapidez com que determinado trabalho é realizado. Uma força de trabalho será tanto mais eficiente quanto menor o tempo e realização na produção do valor e da mais valia. A eficiência do sistema capitalista é avaliada pela força de trabalho em relação ao tempo de produção, caracterizando a potência.

Simbolicamente, o referido enunciado é expresso pela seguinte relação:

$$\mathbf{p = \vartheta/\Delta t}$$

Entretanto, o capitalista, visando sempre o aumento da mais valia, tem por alvo a potencialização da produção. Para isso torna-se mais eficiente e eficaz.

Para avaliar esta nova grandeza foi criada o conceito de potencialização, que nada mais é do que a relação matemática entre a potência pela variação de tempo.

Simbolicamente o referido enunciado é expresso pela seguinte relação:

$$\mathbf{q = \Delta p/\Delta t}$$

16. Barralinha

1. Introdução

Barralinha é a denominação de um instrumento físico constituído por um pedaço de fio (**f**), cujas extremidades são atadas em duas estacas paralelas (**e**). Sendo que o fio é percorrido por uma argola de metal (**m**) que indica o centro de equilíbrio gravitacional. Portanto, barralinha é qualquer fio no qual uma argola pode se mover para um ponto de equilíbrio.

2. Propriedades

As experiências mostram que a argola (**m**) em equilíbrio, sofre deslocamento para uma nova posição, quando se provoca uma diferença de nível ($\Delta N = N_2 - N_1$); e, também, sofre um deslocamento na vertical quando a distância entre as estacas é modificada.

3. Diferença de Nível

O ponto de equilíbrio da argola pode ser modificado deslocando-se um das extremidades do fio sobre a estaca, sendo que tal fenômeno caracterizada uma diferença de nível que represento pela letra (ΔN).

Simbolicamente, o referido enunciado é expresso por:

$$\Delta N = N_2 - N_1$$

É conveniente observar que na barralinha o nível máximo (**N_{mx}**) é igual ao comprimento (**C**) do fio (**f**).

O referido enunciado é expresso simbolicamente por:

$$\mathbf{N_{mx} = C}$$

Também é interessante observar que a maior distância possível entre as estacas (**D_{mx}**) é igual ao comprimento (**C**) do fio (**f**).

$$\mathbf{D_{mx} = C}$$

4. Estudo do Equilíbrio em ΔN = 0

Toda vez que a diferença de nível for nula (**$\Delta N = 0$**), o nível de atração é o mesmo em ambas as extremidades, conforme mostra a seguinte equação:

$$\mathbf{\Delta N = N_2 - N_1 = 0}$$

$$\mathbf{N_2 = N_1}$$

Quando isto ocorre o peso da argola (**m**) divide o fio (**f**) em dois braços iguais (**a = b**), cujo valor é igual ao comprimento (**C**) do fio dividido por dois.

Simbolicamente, posso escrever que o centro de equilíbrio (**G**) é caracterizado por:

$$\mathbf{G = c/2}$$

Quando (**$\Delta N = 0$**), o centro de equilíbrio (**G**) indicado pela argola somente se movimentará com a modificação da distância que separa as estacas.

Então, considerando o triângulo retângulo caracterizado pelos catetos (**D/2**), (**h**) e pela hipotenusa (**C/2**), por Pitágoras vem que:

$$(C/2)^2 = (D/2)^2 + h^2$$

Evidentemente, posso escrever que:

$$h^2 = (D/2)^2 - (C/2)^2$$

Isto implica que:

$$h^2 = (D^2 - C^2)/4$$

Evidentemente a localização do centro de equilíbrio (**G**) na vertical (**y**) é igual ao valor do nível máximo (**N**) pela diferença do valor do cateto (h). Portanto posso escrever que:

$$y = N - h$$

Substituindo convenientemente as duas últimas expressões, vem que:

$$y = N - \sqrt{}(D^2 - C^2)/4$$

Logicamente, posso escrever que:

$$y = N - \sqrt{}(D^2 - C^2)/2$$

Assim, posso concluir que a localização do centro de equilíbrio no plano (**p**) é expressa pelo seguinte par ordenado:

$$p = (G, y)$$

5. Equilíbrio em $\Delta N \neq 0$

Toda vez que ocorrer uma diferença de nível (**$\Delta N \neq 0$**), o centro de equilíbrio se modifica, fazendo a argola se deslocar para uma nova posição de equilíbrio.

Verifica-se que o centro de equilíbrio indicado pela argola, divide o fio (**f**) em duas partes denominadas por braços (**a**) e (**b**). Então se torna evidente que a soma dos comprimentos dos braços caracteriza o comprimento (**C**) do fio (**f**).

Simbolicamente, o referido enunciado é expresso por:

$$C = a + b$$

As experiências permitem verificar a realidade da seguinte expressão:

$$a/b = N_1/N_2$$

A equação que se segue descreve o centro de equilíbrio no fio (**f**):

$$G = (C - \Delta N)/2$$

A seguinte equação descreve o centro de equilíbrio entre as estacas:

$$g = (D - \Delta N)/2$$

O estudo da barralinha permite concluir que:

$$s = N_1 - y \quad \text{ou} \quad y = N_1 - s$$
$$r = N_2 - y \quad \text{ou} \quad y = N_2 - r$$

Dividindo membro a membro, posso escrever que:

$$\mathbf{y/y = (N_1 - s)/(N_2 - r)}$$

Portanto, vem que:

$$\mathbf{N_2 - r = N_1 - s}$$

O esquema da barralinha mostra os dois níveis fixos (**N_1**) e (**N_2**) ligados pela linha (**N_1, G, N_2**). Evidentemente o comprimento total (**C**) da linha é expresso por:

$$\mathbf{C = \sqrt{(s^2 + x^2)} + \sqrt{[r^2 + (D - x)^2]}}$$

Onde (**x**) determina a posição de equilíbrio (**G**) na vertical (**y**).

Pela lei da semelhança entre triângulos, posso escrever a seguinte relação:

$$\mathbf{r/s = (D - x)/x}$$

17. Acelerômetro Gravitacional

1. Introdução

O acelerômetro gravitacional é um instrumento que desenvolvi especialmente para medir a aceleração gravitacional.

2. Instrumento

O instrumento que desenvolvi é baseado em duas leis da Física Clássica; a saber:

a) A segunda lei de Newton afirma que o peso de um corpo é igual ao produto existente entre a massa do mesmo pela aceleração da gravidade. Simbolicamente, posso escrever que:

$$\mathbf{F = m \cdot g}$$

b) A lei das deformações elásticas de Robert Hook, afirma que o peso de um corpo é proporcional às deformações sofridas por uma mola. O referido enunciado é expresso por:

$$\mathbf{F = k \cdot x}$$

Então supondo que um corpo com um determinado peso seja preso numa das extremidades da mola; posso escrever que:

$$\mathbf{m \cdot g = k \cdot x}$$

Assim, com relação a tal expressão, posso escrever que:

$$g = k \cdot x/m$$

Desse modo, mantendo-se os parâmetros (**k**) *constantes de Hook* e (**m**) *massa* invariáveis, posso concluir que a aceleração da gravidade é diretamente proporcional à deformação sofrida pela mola. Simbolicamente, o referido enunciado é expresso por:

$$g = \alpha \cdot x$$

Portanto, conclui-se que a leitura da deformação fornece a gravidade de qualquer região, onde o instrumento é exposto. Naturalmente é mais prático construir uma escala que forneça diretamente a leitura da gravidade.

Quanto aos parâmetros, proponho que a massa presa na extremidade da mola seja de 100 gramas e a constante de Hook, seja de 1N/m.

18. Altímetro Gravitacional (1)

1. Introdução

O altímetro gravitacional é um instrumento que criei para medir a altura de um corpo em um determinado planeta.

2. Instrumento

O altímetro gravitacional é baseado nas seguintes leis da física clássica:

a) Lei das deformações elásticas de Robert Hook afirma que o peso de um corpo é proporcional à deformação sofrida por uma mola. Simbolicamente, o referido enunciado é expresso por:

$$\mathbf{F = k \,.\, x}$$

b) Lei da atração gravitacional de Newton afirma que a força de atração entre dois corpos é proporcional ao produto das massas dos mesmos e inversamente proporcionais ao quadrado da distância que separa o centro desses corpos.

O referido enunciado é expresso simbolicamente por:

$$\mathbf{F = G\,M \,.\, m/d^2}$$

Então considerando um corpo de massa (**m**), preso na extremidade de uma mola (**k**) imerso no campo gravitacional do planeta de massa (**M**), posso escrever que:

$$\mathbf{k \,.\, x = G\,M \,.\, m/d^2}$$

Desse modo vem que:

$$\mathbf{x \cdot d^2 = G\, M \cdot m/k}$$

Logo, mantendo-se a massa presa na extremidade da mola, invariável; mantendo-se a constante de Hook na mola de forma invariável e considerando que a massa do planeta é invariável, posso afirmar que a relação (**G . M . m/k**) caracteriza um valor constante; portanto, posso escrever que:

$$\mathbf{x \cdot d^2 = \alpha}$$

Naturalmente, posso escrever que:

$$\mathbf{d^2 = \alpha/x}$$

Assim, torna-se evidente que para saber a que altura um corpo se encontra juntamente com o altímetro, basta fazer a leitura da deformação que o mesmo sofre. Entretanto tal altura é realizada em relação ao centro da Terra e, portanto é necessário descontar a diferença; assim, posso escrever que:

$$\mathbf{d = \sqrt{\alpha/x}}$$

Representando o raio da Terra por (**r**), posso afirmar que:

$$\mathbf{d - r = (\sqrt{\alpha/x}) - r}$$

Desse modo a altitude de um corpo pode ser expressa por:

$$\mathbf{h = (\sqrt{\alpha/x}) - r}$$

Tal expressão traduz a altitude de um corpo em relação à superfície do planeta. Como o raio pode ser considerado invariável dentro de certas condições, pode-se facilmente construir uma escala adaptada ao instrumento de tal forma que as deformações sofridas pela mola são traduzidas diretamente em distâncias de altitude.

19. Efeito Gravitacional

1. Introdução

Ultimamente tenho refletido sobre a possibilidade de introduzir na física gravitacional, novas ideias sobre fenômenos não observados até o presente momento devido dificuldades de ordem experimental. Tais fenômenos referem-se a movimentos acelerados entre observadores e campos gravitacionais.

2. Efeito Gravitacional

É o fenômeno pelo qual a aceleração gravitacional percebida por um observador é diferente da sua aceleração real, em virtude do movimento acelerado do observador, da fonte gravitacional ou de ambos.

3. Informações Gerais

a) Vou verificar apenas o caso em que o movimento do observador ou da fonte gravitacional se verifica sobre a reta que passa por ambos.

b) Quando um observador se desloca aceleradamente contra o sentido de orientação do campo gravitacional, tal observador percebe a ação de uma aceleração maior do que a aceleração gravitacional na mesma região.

c) Quando o movimento acelerado do observador se faz de modo a coincidir com o sentido de orientação do campo gravitacional, tal observador percebe a ação de uma aceleração menor que a aceleração da gravidade na mesma região.

d) Se a distância entre a fonte gravitacional e o observador permanecer constante, quer exista movimento ou não, o observador percebe a ação gravitacional com sua aceleração real.

4. Fonte Gravitacional em Repouso

Considere uma fonte gravitacional (**S**) em repouso em relação a um referencial (**p**) imerso em tal campo. Evidentemente, posso considerar dois casos, a saber:

a) Um observador (**s**) se desloca aceleradamente no mesmo sentido de orientação do campo gravitacional;

b) Um observador (**r**) se desloca aceleradamente, opondo-se ao sentido de orientação do campo gravitacional.

4.1 Observador que se desloca contra a orientação do Campo

Considere um observador (**r**) num elevador, que se desloca contra a orientação natural do campo gravitacional de um planeta.

Se o observador (**r**) estivesse exclusivamente sob a ação da força gravitacional, ele estaria sujeito a uma velocidade (**V**). Entretanto, devido ao seu movimento opondo-se ao sentido de orientação do campo gravitacional, ele apresenta uma velocidade particular ($\mathbf{V_0}$).

Desse modo o observador sob ação gravitacional estaria sujeito a uma velocidade (**Vt/t**) durante o intervalo de tempo (**t**); em virtude de seu movimento ele apresenta uma velocidade (**V_0.t/t**), durante o mesmo intervalo de tempo.

Assim, posso afirmar que a aceleração que ele observa é representada por:

$$g' = (V \cdot t/t + V_0 \cdot t/t)/t$$

$$g' = (V + V_0)/t$$

Como (**V/g = t**), posso escrever que:

$$g' = g\,[(V + V_0)/V]$$

Portanto, vem que:

$$g' = g \cdot [1 + (V_0/V)]$$

A aceleração (**g'**) observada é igual à aceleração da gravidade (**g**), mais o acrescimento **g (V_0/V)**.

4.2 Observador que se desloca a favor da orientação do Campo

Quando um observador (**s**) em um elevador que se desloca a favor da orientação do campo gravitacional de um planeta, ocorre uma diminuição **g . (V_0/V)** na aceleração observada, conforma à seguinte expressão matemática que proponho:

$$g' = g \cdot [1 - (V_0/V)]$$

Portanto, a relação geral, válida no caso de a fonte gravitacional estar em repouso em relação ao meio, e o observador em movimento através do meio, é expressa por:

$$\mathbf{g' = g \cdot [(V \pm V_0)/V]}$$

Onde o sinal positivo se refere ao observador deslocando-se contra a orientação do campo gravitacional da fonte e o sinal negativo refere-se ao observador deslocando-se a favor da orientação do campo gravitacional da fonte.

5. Observações

Considere a seguinte expressão:

$$\mathbf{g' = g \cdot [(V \pm V_0)/V]}$$

Naturalmente, posso escrever que:

$$\mathbf{g' \cdot V = g \cdot V \pm g \cdot V_0}$$

Porém, como ($\mathbf{V = g \cdot t}$), vem que:

$$\mathbf{g' \cdot g \cdot t = g \cdot V \pm g \cdot V_0}$$

Eliminando os termos em evidência, vem que:

$$\mathbf{g' \cdot t = V \pm V_0}$$

Naturalmente:

$$\mathbf{V' = g' \cdot t}$$

Assim, resulta que:

$$V' = V \pm V_0$$

Tal equação é muito semelhante, matematicamente, à da relatividade galileana; e desse modo, sou induzido a afirmar que a velocidade (**V' = g' . t**) seria relativa à velocidade gravitacional (**V = g . t**) e à velocidade do observador (**$V_0 = g_0$. t**).

Na relatividade galileana, a velocidade relativa (**V'**) de *aproximação* de um móvel (**A**) em velocidade (**V_a**) e um móvel (**B**) com velocidade (**V_b**) é expressa pela seguinte soma:

$$V' = V_a + V_b$$

A equação:

$$V' = V \pm V_0$$

Permite escrever que:

$$g' . V = g . V \pm g_0 . t$$

Eliminando os termos em evidência, resulta que:

$$g' = g \pm g_0$$

6. Fonte Gravitacional Acelerada

Quando uma fonte gravitacional como, por exemplo, um comenta ou planeta, se desloca relativamente a um observador inercial imerso no campo gravitacional da referida fonte, pode ocorrer dois casos, a saber:

a) A fonte se desloca aceleradamente aproximando-se de um observador em repouso;

b) A fonte se desloca aceleradamente afastando-se de um observador em repouso.

Desse modo, uma fonte gravitacional acelerada ao se aproximar de um observador em repouso ela se desloca contra a orientação de seu campo gravitacional. Então o observador imerso no campo gravitacional, porém em repouso em relação a alguma estrela, registrará uma aceleração diferente da aceleração gravitacional natural. Quando a fonte gravitacional acelerada se distância do observador inercial ela se desloca a favor da orientação do campo gravitacional. Dessa maneira o observador registrará outra aceleração.

Então, se a aceleração gravitacional natural for (**g**) e a velocidade da fonte ($\mathbf{V_f}$) e ela estiver se distanciando do observador, a aceleração observada aumentará de acordo com a seguinte expressão:

$$\mathbf{g' = [V/(V - V_f)]/g}$$

Portanto:

$$\mathbf{g' = g \,.\, [V/(V - V_f)]}$$

Na referida expressão o valor de (**V**) caracteriza a velocidade que um corpo em queda livre apresentaria no mesmo intervalo de tempo verificado na velocidade de deslocamento da fonte.

Considerando o caso em que a fonte aproxima-se do observador, a aceleração observada será menor e expressa por:

$$\mathbf{g' = g \,.\, [V/(V + V_f)/}$$

Portanto, a relação geral, válida quando o observador está em repouso em relação ao meio, porém a fonte gravitacional se moveu através dele é expressa por:

$$\mathbf{g' = g \,.\, [V/(V \pm V_f)]}$$

Onde o sinal positivo refere-se à fonte aproximando-se do observador e o sinal negativo refere-se à fonte afastando-se do observador.

7. Fonte e Observador Acelerado

Quando a fonte gravitacional e o observador estão acelerados relativamente a um referencial inercial, pode-se demonstrar facilmente que a aceleração observada será expressa por:

$$\mathbf{g' = g \,.\, [(V \pm V_0)/(V \pm V_f)]}$$

A aceleração (**g’**) é um resultado relativo ao observador, porém, não é relativo a um ponto inercial externo; no qual (**V**, $\mathbf{V_f}$ e $\mathbf{V_0}$) são relativos.

8. Teoria Gravitacional

Com bases nos resultados obtidos no presente tratado, proponho as seguintes hipóteses a qual se pode construir uma teoria gravitacional.

a) É necessária a existência de um meio que caracteriza as informações gravitacionais. Então adotando o ponto de vista de Einstein, no qual a gravidade é o resultado da deformação do espaço. Considerando que o espaço é o meio pelo qual as informações se transmitem. Desse modo fica perfeitamente justificado o fato de que, "a fonte afasta-se do observador" ou o "observador afasta-se da fonte" não são de forma alguma situações fisicamente idênticas e, portanto não devem apresentar exatamente a mesma aceleração observada (**g'**).

Embora a teoria matemática desta obra seja clássica, ela é o resultado da conclusão da Teoria Geral da Relatividade de Einstein, a qual estabelece o espaço como meio de transmissão gravitacional.

Naturalmente, se ficar demonstrado que tanto faz se a fonte se aproxima do observador ou que o observador se aproxima da fonte, também ficará derrubado o conceito de que o espaço se curva nas proximidades da matéria e que essa deformação é responsável pela interação gravitacional; e, naturalmente, nesse caso, o espaço se curva nas proximidades da matéria devido ao efeito gravitacional oriundo da matéria e assim o espaço de ser ativo passaria a ser passivo; de causa passaria a ser efeito. Assim a única equação válida nesta teoria seria $\mathbf{g' = g \cdot [(V \pm V_0)/V]}$.

b) Seja qual for a natureza da gravidade, ela se desloca no sentido do centro de massa da matéria.

20. Altímetro Gravitacional (2)

1. Introdução

Sir Isaac Newton demonstrou que a aceleração gravitacional varia com a altitude do lugar de observação. A densidade do campo gravitacional diminui cada vez mais a partir do centro de massa de um corpo, pois este coincide com o centro do campo gravitacional. A deformação do corpo dinamoscópico do gravitaciometro decresce proporcionalmente. Sendo assim, a altitude é aproximadamente calculável pela diferença da intensidade do campo gravitacional registrado em dois níveis distintos.

Os altímetros são instrumentos que fornecem a altitude de um lugar por leitura direta. Compõe-se de um dispositivo para medir a intensidade do campo gravitacional, igual ao dos gravitaciometros. Na escala estão registradas diversas altitudes e um ponteiro indicador serve de referência. O indicador deve ser deslocado até cobrir o ponteiro da caixa do instrumento do lugar de partida. Durante a ascensão o ponteiro da caixa gravitaciométrica indica a queda da aceleração e sai da posição primitiva. O indicador permanece na posição primitiva e a diferença entre as leituras indicadas pelos ponteiros será a altitude do local. Evidentemente de acordo com a finalidade, as amplitudes dos altímetros deverão variar; por exemplo, podem ser construídos para diferenças de (**0**) a (**1800**) metros, de (**0**) a (**3000**) metros etc. É possível fazer acompanhar o quadrante dividido em metros, por outro em centímetros por segundo ao quadrado, a fim de registrar também a intensidade do campo gravitacional. Devo lembrar ainda que os altímetros gravitacionais devem fornecer valores absolutos da altitude. De forma que a precisão destes instrumentos é praticamente ilimitada.

A seguir passarei a apresentar a demonstração que permite deduzir a fórmula sobre a qual se fundamenta a construção dos altímetros.

Isaac Newton demonstrou que a aceleração gravitacional é proporcional à massa do planeta considerado e inversamente proporcional ao quadrado da distância.

Simbolicamente, o referido enunciado é expresso por:

$$\mathbf{g = G \, . \, m/d^2}$$

A massa (**m**) do planeta permanece constante e a constante gravitacional (**G**) é universal, portanto o produto entre os referidos termos resulta numa constante genérica que depende apenas da massa do planeta considerado.

Simbolicamente, pode-se escrever que:

$$\mathbf{k = G \, . \, m}$$

Portanto a lei de Newton pode ser simplificada para a seguinte relação:

$$\mathbf{g = k/d^2}$$

Por outro lado é possível demonstrar uma lei que permite construir o gravitaciometro. Ela é enunciada nos seguintes termos:

"A aceleração gravitacional é diretamente proporcional à variação da deformação de um corpo dinamoscópico perfeitamente elástico".

O referido enunciado é expresso simbolicamente por:

$$\mathbf{g = \alpha \, . \, \Delta L}$$

Portanto, igualando convenientemente as duas últimas expressões, resulta que:

$$\alpha \,.\, \Delta L = k/d^2$$

Isolando as duas constantes (α) e (**k**), resulta que:

$$k/\alpha = \Delta L \,.\, d^2$$

Como (α) e (**k**) são constantes, então se conclui que a relação entre ambas resulta numa constante genérica que depende da massa do planeta considerado e da constante de Hook.

Assim, pode-se escrever que:

$$\phi = k/\alpha$$

Logo se pode escrever a seguinte verdade:

$$\phi = \Delta L \,.\, d^2$$

Portanto conclui-se que:

$$d^2 = \phi/\Delta L$$

Ou seja:

$$d = \sqrt{}\phi/\Delta L$$

A referida expressão permite construir os altímetros gravitacionais. Ela é enunciada nos seguintes termos: O quadrado da altitude de um local a partir do centro do planeta é igual ao quociente de uma constante genérica (ϕ), inversa pela variação de deformação que um corpo dinamoscópico sofre na altitude considerada.

DIVAGAÇÃO

21. Lei Universal Geral

1. Introdução

A lei universal geral aplica-se a todas às áreas da ciência. Tal lei é enunciada nos seguintes termos:

"Na natureza tudo tende a entrar em equilíbrio"

$$x = 0$$

Desse modo, as reações químicas entram em equilíbrio; na sociedade os indivíduos se equilibram com o sistema social; os recém-casados se entrosam até atingirem um equilíbrio psicológico. As forças físicas tendem sempre a um equilíbrio. O movimento tende ao equilíbrio. O princípio da ação e reação é uma consequência do equilíbrio.

O equilíbrio implica numa igualdade de ações de mesmas naturezas que se igualam e equilibram-se, com o decorrer do tempo.

Assim, por exemplo, a pressão é resultado da agitação térmica da matéria, logo, aumentando o número de choques das partículas, aumenta-se a pressão externa, e aumentando a pressão externa, aumenta-se o número de choques contra a superfície; ocorrendo sempre um equilíbrio.

22. Extração de Tingimento

1. Introdução

Quando tinha apenas oito anos de idade, observei que a luz do sol ao atingir tecidos tingidos provocava um desbotamento da cor do mesmo. Então me ocorreu o pensamento de que poderia tirar proveito do referido fenômeno empregando-o para extrair indevidas manchas de tingimentos.

Muitas vezes, quando se lavam várias peças de roupas juntas, algumas soltam tinta que mancham outras peças. Muito dificilmente alguns "tira-manchas" limpam a roupa manchada pela tinta da outra peça. Porém, ao encharcar a roupa manchada e expô-la na radiação solar, a tintura manchada aos poucos vai desaparecendo. Na realidade é necessário encharcar e expor ao sol várias vezes a peça de roupa até que a mancha de tingimento desapareça totalmente.

Durante a minha infância fiz esses testes com lenços e camisas brancas de casa e funcionou perfeitamente. Assim, apresento este processo solar de extrair manchas de tingimento.

23. Princípios ou Pensamentos

1. Introdução

§ 1º A ação vem à existência, pela existência da dimensão espaço-tempo. Assim, é impossível obter a ação, isolando-a da dimensão espaço-tempo. Ou seja, a existência do espaço e do tempo cria as condições necessárias para a manifestação dos demais fenômenos da natureza. Evidentemente, o espaço, o tempo e a ação, são grandezas intrínsecas.

§ 2º Num referencial absoluto, o tempo é uma grandeza imaterial a fluir uniformemente. Para efeitos práticos, tal fluxo pode ser considerado como um movimento uniforme absoluto. E como tal, é empregado como padrão básico para aferir o movimento da matéria no espaço.

24. Cinegeometria

1. Introdução

Num lançamento, o movimento *horizontal* de um projétil permanece uniforme, enquanto que o movimento em *queda livre* continua a acelerar o corpo para o centro da Terra. Evidentemente, a trajetória resultante desse projétil sempre assumirá a forma de uma parábola, conforme a seguinte descrição matemática.

$$S = V \cdot t \text{ (MU)}$$

$$s = v \cdot t/2 \text{ (MUV)}$$

2. Índice de Excentricidade da Figura

A relação entre ambas as expressões caracteriza o índice de excentricidade da figura

$$i = v/V = 2s/S$$

Destarte, a relação matemática entre a velocidade horizontal do projétil pela velocidade vertical de queda livre acelerada caracteriza do índice de excentricidade da figura descrita pelos dois movimentos simultâneos. Ou então o dobro do espaço percorrido em queda livre dividido pelo espaço percorrido em movimento horizontal também caracterizam a descrição do índice de excentricidade da figura.

3. Índice de Excentricidade do Círculo

A descrição gráfica de um círculo não é estática, mas sim, o resultado do movimento cinemático de duas retas perpendiculares em movimento uniforme e simultâneo. Portanto, é evidente que o círculo é o resultado de dois movimentos instantâneos uniformes de mesma intensidade. Um movimento horizontal e um movimento vertical, que descrevem sempre uma trajetória na forma de um circular.

Quando um corpo é projetado numa direção horizontal com uma aceleração equivalente à aceleração da gravidade, é claro que a direção de seu movimento é continuamente variada, sendo descrita uma linha perfeitamente circular.

Nesses casos o índice de excentricidade da figura será caracterizado por:

$$\mathbf{i = 1}$$

Dois movimentos uniformes perpendiculares realizadas pelo mesmo corpo ao mesmo tempo cria o circulo.

25. Evolução Comercial

1. Introdução

Muitos anos atrás, ainda um estudante colegial, desenvolvi um pequeno tratado de evolução do comércio na sociedade, onde expunha que não existe qualquer limite para a variabilidade de artigos e de casas comerciais. A vida dos comerciantes numa sociedade democrática é uma luta constante pela sobrevivência. A abundância ou escassez de lojas comerciais ou de artigos de vendas depende da maior ou menor adaptação ao meio social. Somente os comerciantes mais fortes (criativos, inovadores, com algum diferencial etc.) sobrevivem, na venda do mesmo artigo, devido às variações socialmente úteis introduzidas nos artigos, além de oferecer uma grande variedade de artigos, pois as variações, inúteis ou socialmente ultrapassadas são extintas do meio social.

Os passos da evolução comercial numa sociedade são os seguintes:

a) O comércio tende a aumentar numa certa progressão na sociedade.

b) Todavia, a relação entre o número de comerciantes pelo número de indivíduos de uma sociedade tende, em média, a permanecer constante.

A consequência natural de tais fatos implica que a luta social (concorrência) entre comerciantes de artigos semelhantes e entre comerciantes de artigos diferentes impede que o número de comerciante exceda determinados limites.

c) O comércio tende a modificar-se de forma sensível e de acordo com a evolução da sociedade. Não existem dois comerciantes absolutamente iguais, no que se refere ao artigo, ou à loja, ou à localização espacial ou temporal da mesma.

As consequências dos fatos apresentados até o presente momento implicam que a luta social (concorrência) entre os comerciantes e ao fato deles apresentarem-se de forma distinta entre si, deixa claro que alguns desses comerciantes sobrevirão socialmente devido a certas variações favoráveis que lhes dão, no momento social, uma superioridade em relação aos outros, que serão eliminados da sociedade. É o que se poderia chamar por seleção comercial.

O resultado de tudo isso é que, atuando sem cessar, de tempos em tempos, a seleção social vai acumular de pequenas distinções que caracterizará uma variação importante e prática no comércio. É a evolução comercial. Existindo luta social, a evolução comercial nunca cessará.

As consequências do presente artigo implicam que o comércio tende a estar em equilíbrio com a sociedade; aqueles que não estão em equilíbrio tendem a desaparecer. O mesmo pode-se afirmar dos artigos; ou seja, das mercadorias.

26. Amormetria

1. Introdução

É interessante notar o fato de que o ódio ou o amor não são qualidades distintas e intrínsecas do espírito, mas sim efeitos das emoções. A amormetria preocupa-se com o estudo e medida dos diversos fenômenos que envolvem amor.

Por meio dos sentimentos conseguimos perceber uma paixão por algo. Nossas sensações de amor ou ódio, entretanto, apresentam-se como conceitos puramente intuitivos, pois sua caracterização é estabelecida através dos órgãos sensoriais. É importante destacar que numa ciência as noções de amor ou ódio, dizem respeito apenas ao estado do indivíduo.

São as sensações de amor e ódio que transmitem a primeira noção de uma grandeza que denominei por "odimor". Portanto, quando se trata da medida de odimor, o método de sensação de amor e ódio se torna bastante precária. Desse modo a avaliação do amor ou do ódio por intermédio de seu efeito sensitivo merece pouca confiança. Pois, o amor e o ódio não constituem medidas, mas apenas uma classificação do odimor. Assim o amor e o ódio são termos da grandeza odimor, uma para mais e outra para menos.

É evidente que a sensibilidade ao odimor é muito limitada na sua amplitude e não é suficientemente precisa para ser útil a uma ciência.

Desse modo, para avaliar o grau de odimor com certo rigor, tem-se que recorrer a outros efeitos altamente sensíveis a ponto de ser medido com instrumentos. Tal efeito, naturalmente, tem que variar com o grau de odimor.

Logo, resumidamente, posso afirmar que a grandeza cuja função é caracterizar o estado de amor, ódio e intermediário, de um indivíduo denomina-se odimor. Sua medida é obtida por meio de outras grandezas altamente passíveis de medição numa escala. Tais grandezas variam quando o indivíduo passa de um estado para outro. Assim, medindo os valores assumidos por essas grandezas, que chamo pelo nome de grandezas amormétricas, podem-se caracterizar os estados do indivíduo. Portanto, posso associar a cada valor assumido pela grandeza amormétrica em questão um número, o qual passará a caracterizar o estado amormétrico do indivíduo.

Os dispositivos que permitem realizar medidas de odimor podem ser denominados por amormômetros.

Para a construção da escala, proponho a necessidade de determinar dois pontos que sejam perfeitamente definidos e correspondam também a dois odimores perfeitamente definidos. Tais pontos seriam os seguintes:

a) *ponto inferior* - Representa zero grau, e caracteriza o ódio da média dos indivíduos, ou o ódio fundamental.

b) *ponto superior* - Representa cem graus, e caracteriza o estado de amor médio dos indivíduos ou o estado de amor possível ao máximo.

Após a marcação dos dois pontos, divide-se o intervalo definido entre eles em cem partes iguais e associa-se um número determinado a cada uma destas. Desse modo o amor e o ódio estão separados entre dois extremos, uma para mais e outra para menos.

2. Coragemetria

Naturalmente a coragem e o medo são dois extremos de uma grandeza mais geral, que simplesmente poderia chamar-se de coramedo. Os mesmos processos que foram teorizados no sentido de determinar o grau de odimor podem ser empregados para determinar o grau de coramedo.

Evidentemente a coragem e o medo variam de indivíduo para indivíduo em relação a um determinado objeto. Por exemplo, como objeto considere um cemitério e uma determinada hora do dia ou da noite. Alguns indivíduos apresentam medo ao se aproximar do cemitério há tal hora, enquanto que outros não apresentam tal medo; então com relação a tal objeto posso dizer que uns são mais corajosos que outros. É muito interessante observar que o medo ou coragem variam no tempo e no espaço. Assim, no passado tinham-se muito medo de bruxas, enquanto que na atualidade tal medo desapareceu quase que totalmente. Nos indivíduos em geral, o medo ou coragem variam com a experiência e conhecimento que o mesmo adquire no desenrolar de sua existência.

27. Marés de Ar

1. Introdução

A teoria das "marés de ar" nada mais é do que um fenômeno de superfície que provavelmente ocorre nas camadas superiores atmosfera terrestre.

Desse modo, proponho que o nível da camada gasosa que envolve a Terra (atmosfera) sofre uma oscilação vertical e periódica denominada por "marés de ar".

Logicamente, o mecanismo das marés de ar está relacionado com as leis da gravitação universal. Sendo a atmosfera uma massa gasosa, os efeitos da atração de qualquer astro sobre a Terra, determina um abaulamento do nível atmosférico, numa intensidade proporcional à proximidade do foco de atração. No planeta Terra são o Sol e a Lua os dois únicos astros capazes de produzir tal fenômeno.

O planeta Júpiter está envolto em densa camada atmosférica além de apresentar doze satélites naturais girando ao seu redor, apresentando também um movimento de rotação bem alto o que provoca uma dilatação no equador e um achatamento nos polos. Naturalmente um planeta com tais características apresenta uma violenta turbulência atmosférica. Acredito que em tal planeta as marés atmosféricas serão mais facilmente observáveis. Chego a acreditar que o fenômeno das marés atmosféricas provocadas pelos satélites de Júpiter associado à rotação do planeta, sejam as causas responsáveis pelo surgimento da grande mancha vermelha.

28. Imunodeficiência Adquirida

1. Introdução

O primeiro transplante de coração foi realizado pelo cardio cirurgião sul-africano Christian Barnad, em 03 de dezembro de 1.967.

O maior problema dos transplantes é a rejeição, condição em que o sistema imunológico identifica o órgão transplantado como um corpo estranho ao organismo e procura eliminá-lo.

Essa reação do organismo ocorre na maioria dos casos. E atualmente pode ser controlado com medicamentos contra rejeição que o paciente precisa tomar por toda vida. Entretanto, essas drogas imunossupressoras também tornam o organismo suscetível às infecções em geral.

Porém, os cientistas não estavam contentes com a situação. E na década de setenta, vários laboratórios da Europa e Estados Unidos procuraram desenvolver drogas ainda mais perfeitas, que viessem a evitar que o processo de rejeição fosse desencadeado.

Em alguns laboratórios a ideia básica era criar uma vacina que viesse imunizar unicamente o órgão transplantado. E sem que o resto do mundo tomasse conhecimento, os cientistas utilizando um vírus não patológico do macaco verde (Cercopithecus aethiops) desenvolveram uma terapia genética que impede a rejeição de órgãos transplantados.

Através de um cateter, liberaram uma porção de vírus modificados em várias cobaias. O vírus tinha a missão de transportar uma enzima capaz de evitar a rejeição do órgão. Ao entrar em contato com o sistema imunológico identificaria o órgão transplantado como membro do organismo.

Entretanto, surgiu um inconveniente. Os vírus modificados sofreram mutações e escaparam ao controle dos cientistas. O resultando foi que muitas pessoas foram infectadas. Esse vírus se tornou cada vez mais forte e estável devido a varias mutações que sofreu em seu processo de adaptação. Mostraram-se funcionar como um eficiente e poderoso supressor do sistema imunológico.

Hoje, esses vírus estão totalmente evoluídos e espalhados pelo mundo. Evitam a rejeição não apenas de órgãos transplantados, mas de qualquer outro corpo estranho ao organismo. São mundialmente conhecidos por HIV, e provocam a síndrome de imunodeficiência adquirida.

A combinação desses fatores indica claramente que algo semelhante ao que foi relatado realmente ocorreu.

29. Crítica ao Conceito de Tempo

1. Introdução

A primeira noção de tempo que temos é obtida a partir de um critério puramente subjetivo, aquele que nos causa uma sensação traduzida pelos termos "antes" e "depois". Entretanto, é bastante conhecido o fato de que critérios sensitivos para avaliação de qualquer fenômeno físico é algo vago e extremamente impreciso. Por exemplo, um período de vinte e quatro horas pode ser avaliado como algo passageiro ou demorado.

Para precisar a noção de tempo (supondo sua existência), recorreu-se à variação regular e uniforme da posição que experimentam certos corpos em movimento, que foram relacionadas à sensação temporal do antes e do depois. Por exemplo, a distância entre duas posições – inicial e posterior – foi relacionada com o antes e o depois. Sendo que a distância entre essas duas posições aumenta quanto mais sentimos que demora. Deste modo, a duração do tempo é avaliada indiretamente pelo valor assumido na distância percorrida por um móvel num movimento extremamente regular. Ou seja, a cada valor assumido pela distância percorrida por um móvel em movimento uniforme faz-se corresponder a um valor de tempo.

Portanto, considerando a existência de uma grandeza cronométrica que define uma das propriedades do corpo, no caso anterior a posição assumida por esse, a cada valor da grandeza cronométrica faz-se corresponder um determinado valor de tempo. Sendo que a correspondência existente entre os valores da grandeza cronométrica e do tempo constitui o que poderíamos chamar de função cronométrica. O corpo em observação recebe o nome de cronômetro. Assim, por exemplo, o móvel em um movimento uniforme, no qual a cada valor de posição (grandeza cronométrica) corresponde um valor de tempo, pode ser usado como cronômetro.

Da perspectiva terrestre, os primeiros cronômetros foram os ciclos regulares do sol, da lua ou das estrelas. Com o desenvolvimento das artes mecânicas, o cronômetro mais comum passou a ser o mecânico, baseado num mecanismo de movimento extremamente regular.

O emprego do cronômetro para avaliação do tempo de duração de qualquer fenômeno fundamenta-se no fato de que, após certa duração entre o antes e o depois, a distância entre a posição inicial e final da indicada no cronômetro aumenta. Em outras palavras convencionou-se que o tempo é marcado pela posição ocupada pelo indicador do cronômetro. Ou seja, foi estabelecida arbitrariamente uma correspondência espacial-temporal.

O conjunto de valores numéricos que pode assumir o tempo constitui uma escala cronométrica, a qual é estabelecida ao se graduar um cronômetro. E para a graduação de um cronômetro qualquer, dividiu-se o tempo, num ciclo de sessenta minutos. E, cada ciclo completo corresponde a uma unidade chamada hora. Essa escala chamada sexagesimal foi adotada em todo o mundo como padrão de referencia para cálculo do tempo.

Observe que a escolha dos valores que definem a escala cronométrica é totalmente arbitrária.

Entretanto nada disso prova a existência física de alguma coisa que chamamos de tempo. O tempo teve sua origem numa suposição filosófica e cuja existência nunca foi provada dentro do rigoroso método científico. É apenas algo que é avaliado pelo movimento regular do mecanismo do ponteiro do relógio. Aliás, a duração de todos os fenômenos é avaliada em função da duração do movimento do ponteiro do cronômetro ou relógio.

O movimento é a mudança de posição do móvel avaliada em função da mudança regular da posição do ponteiro do relógio. Desse modo o conceito de tempo pode ser descartado na física, sendo totalmente irrelevante.

Ficou claro que a velocidade é simplesmente a razão entre a modificação da posição de dois corpos móveis. Sendo o movimento uniforme e padrão (relógio) serve para comparar um movimento qualquer do outro móvel. Assim como o conceito de éter, o tempo não tem necessariamente uma existência física cientificamente comprovada.

Deve-se frisar que a intensidade de movimento é avaliada em função do movimento regular de uma máquina, no caso o relógio. E o movimento do relógio não prova de forma alguma a existência ou inexistência do tempo. Na verdade ao movimento uniforme e regular do mecanismo do relógio, com uma escala arbitrária (mostrador) tendo como cursor o ponteiro, foi atribuído um significado imaginário que damos o nome de tempo.

30. Origem do Vírus

1. Introdução

O genoma é o conjunto de informações genéticas que cada ser vivo possui. No caso do ser humano, esse patrimônio é formado por três bilhões de bases químicas distribuídas pelos 100.000 genes e, repartidas em 23 pares de cromossomos.

As experiências realizadas pelo Projeto Genoma mostraram que existem partes de bases de nucleotídeos, dos 23 pares de cromossomos humano que se assemelham ao DNA de vírus. Sendo que os tais permanecem inativos, sem causar dano algum ao organismo. É perfeitamente plausível levantar a ousada hipótese de que os vírus tenham sua origem no DNA humano.

É possível que eventuais falhas genéticas em nosso organismo, não corrigidas pelos cromossomos 16 e 19, possibilitaram que alguns pedaços de DNA tenham se separado e alcançado vida própria.

Esses pedaços de DNA teriam se alojado no interior do núcleo de uma das células, formando um novo cromossomo que poderia perfeitamente sobreviver dentro da célula, mantendo toda sua integridade e se duplicando a cada vez que a célula se dividia, até que por um processo de mutação e evolução, esse DNA tornou-se uma bactéria livre.

Evidentemente tal bactéria pode desaparecer perdendo algumas de suas propriedades vitais através de mutações maléficas provocadas por influência do meio exterior, como por exemplo, teria acontecido com a "mitocôndria" que já foi uma bactéria livre no meio exterior, porém hoje se encontra perfeitamente adaptada no interior da célula. Da mesma forma poderia ter ocorrido com o "cloroplasto" que também, num passado remoto, teria alcançado uma condição de bactéria independente.

31. A Quinta Órbita

1. Introdução

No século XVIII, o astrônomo alemão Johann Bode (1747-1826) levou ao conhecimento público uma lei que permite calcular as distâncias aproximadas entres os planetas conhecidos e o Sol.

A lei de Bode é correta até a oitava órbita, no sentido de que prevê a existência de matéria nessas órbitas. Ela estabelece corretamente as órbitas dos planetas Mercúrio, Vênus, Terra, Marte, Júpiter, Saturno e Urano. Entretanto, prevê também a existência de uma órbita entre Marte e Júpiter.

Essa é a quinta órbita da lei de Bode, e está localizada a uma distância de 2,8 unidades astronômicas. Como não se conhecia nenhum planeta correspondente a essa órbita, admitia-se que faltava descobrir um novo planeta no sistema solar.

Finalmente, em 1801 foi descoberto nessa órbita o asteroide Ceres. E mais tarde, milhares de outros asteroides foram descobertos a essa mesma distância. Porém, nunca foi localizado nenhum planeta nessa órbita.

Então se questiona: Por que há tanto asteroides na quinta órbita prevista pela lei de Bode? Seria possível que em certa época existisse ali um planeta? Um planeta que teria explodido, por exemplo.

Se o cinturão de asteroides não é o resultado de fragmentos de um eventual planeta que teria explodido, como milhares de asteroides teriam se reunidos na mesma órbita?

Se for verdade que um planeta explodiu, seus destroços ficariam orbitando na órbita do antigo planeta?

Teria um gigantesco objeto, talvez um cometa, asteroide ou mesmo outro planeta em conjunção, se chocado contra o planeta da quinta órbita de Bode?

Seriam o cinturão de asteroides da quinta órbita os fragmentos de um planeta que explodiu espalhados na antiga órbita desse planeta?

Poderia a explosão de esse planeta ter ocorrido há 65 milhões de anos, exatamente à época da extinção dos grandes dinossauros?

Seria esses asteroides ricos em irídio, um metal raro, que pertence ao mesmo grupo da platina, que normalmente não é encontrado na crosta terrestre?

As únicas bases para essa hipótese são as previsões oferecidas pela lei de Bode que estão perfeitamente corretas até a oitava órbita. Bem como a coincidência de se encontrar uma grande quantidade de asteroides na quinta órbita, quando deveria ser encontrado um planeta.

32. Relatividade

1. Primeira Hipótese

O espaço e o tempo são grandeza intrínseca em nosso modo de concebê-las.

2. Segunda Hipótese

O espaço flui num processo de expansão na velocidade da luz.

3. Terceira Hipótese

O fluxo do espaço em todas as direções causa a sensação de decurso de tempo.

4. Quarta Hipótese

A seta do tempo é oposta à seta do espaço?

5. Quinta Hipótese

A matéria interfere no fluxo da expansão do espaço.

6. Consequências

A - Num movimento relativo de um corpo em relação ao espaço, um intervalo de tempo é menor para o viajante, haja vista que o corpo acompanha o movimento do espaço numa determinada velocidade.

B - Em relação ao relógio do viajante, o tempo indicado num relógio em repouso é maior. Ou seja, para cada instante indicado no relógio do viajante, o relógio em repouso indicará vários instantes.

C - Num movimento relativo de um corpo em relação ao espaço, o comprimento desse corpo é menor num referencial em repouso do que para o referencial em movimento, posto que se trate de uma medida de comprimento em relação ao espaço e ambos deslocam-se numa determinada velocidade.

D - Num movimento relativo de um corpo em relação ao espaço, na velocidade da luz, a massa desse corpo é infinita, posto que seja uma medida.

E - A matéria causa em sua proximidade uma diminuição no fluxo da expansão do espaço interferindo no tempo.

F - A matéria causa em sua proximidade uma diminuição no fluxo da expansão do espaço causando um aumento da massa de um corpo de prova.

G - A matéria causa em sua proximidade uma diminuição no fluxo da expansão do espaço causando uma diminuição no comprimento de um corpo.

33. Origem da Matéria

1. Introdução

Qual a origem das massas das partículas de matéria?

R: A origem da massa das partículas está relacionada com a produção de pares. Por exemplo: "Pares elétron-pósitron são produzidos na natureza por fótons de raios cósmicos e em laboratórios por fótons de bremsstrahlung obtidos em aceleradores de partículas". Outros pares de partículas tais como próton e antipróton, podem ser produzidos se o fóton tiver energia suficiente.

Por que elétron e próton têm a mesma carga elétrica?

R: Pelo fato do fóton ser constituído por um campo elétrico e um magnético oscilando no decorrer do tempo pelo espaço.

Por que o nêutron não tem carga elétrica?

R: No processo de formação do próton, o campo elétrico e magnético do fóton anula-se mutuamente.

34. Interação Gravitacional

1. Introdução

A - Considerando que o vácuo consiste de um mar de elétrons em níveis de energia negativos, sendo que tais elétrons encontram-se uniformemente distribuído no espaço.

§ Único: Teoria quântica relativística do elétron formulada por Dirac.

B - Considerando que o espaço sofre deformações nas proximidades da matéria.

§ Único: Teoria da Relatividade Geral de Einstein.

Então proponho uma hipótese para explicar a origem da força que provoca a deformação espacial. Suponho que o elétron emite constantemente um corpúsculo desprovido de massa; sendo que tal corpúsculo interage com os elétrons em níveis de energia negativos. Ou seja, estou propondo que ocorra uma troca de corpúsculos entre os níveis de energia negativos e positivos, provocando o fenômeno da interação espaço-gravitacional.

Isto explica o fato de que quanto maior for a concentração de matéria tanto maior será a curvatura espacial do vácuo, pois existirá um maior número de corpúsculo interagindo de um nível para outro em termos negativos e positivos.

35. Nucleosfera

1. Introdução

No núcleo atômico opera a ação de uma poderosa força atrativa de curto alcance, denominada por "força nuclear". O alcance dessa força é da ordem de dois fermi (**2F**). Praticamente anulam-se para distâncias superiores a (**2F**). Esta força não depende da carga da partícula.

Proponho que a força nuclear converge a partir do núcleo, para um foco localizado a um raio de (**2F**). Esta convergência forma o que chamo por *nucleosfera.*

Na *nucleosfera* a força nuclear é mais intenso do que em qualquer outra distância inferior a (**2F**). Na realidade, para valores de raios pequenos em comparação com (**2F**), como por exemplo, (**0,5F**), verifica-se que a força nuclear se torna menos intensa do que na *nucleosfera.*

36. Hipótese Cosmo-Gravitacional

1. Introdução

Em 1984, ocorreram-me atribuir as ações gravitacionais ao meio em que se encontram a matéria. Segundo as minhas ideias, o espaço tende a contrair-se na direção das linhas de força de um campo gravitacional e a expandir-se normalmente a elas, exercendo assim uma tensão ao longo de tais linhas.

Segundo Einstein, a matéria provoca uma deformação no espaço; que, representa a contração na direção das linhas de força gravitacionais.

Dessa maneira, duas partículas de massa, provocam uma deformação no espaço, produzindo linhas de forças gravitacionais que ligam um corpo ao outro. Estas linhas agem como fios elásticos que tendessem a se encurtar, aproximando, desse modo, as duas partículas de matéria.

Naturalmente, de acordo com tal hipótese, existe uma forma de energia armazenada no espaço próximo à matéria; sendo que tal energia encontra-se sob a forma potencial.

37. Propriedades do Espaço

§ 1º O espaço é o meio pelo qual os fótons provocam os efeitos ondulatórios.

§ 2º O espaço é o meio pelo qual os elétrons provocam os efeitos ondulatórios.

§ 3º O espaço é o meio pelo qual os corpúsculos provocam os efeitos ondulatórios.

"Todos os corpúsculos em movimento, apresentam a propriedade de provocarem perturbações no espaço que os envolvem".

"Todos os corpúsculos em movimento provocam perturbações no espaço. Estas perturbações se manifestam sob a forma de ondas".

www.ingramcontent.com/pod-product-compliance
Lightning Source LLC
Chambersburg PA
CBHW072142170526
45158CB00004BA/1477
* 9 7 8 1 0 9 9 4 5 8 4 1 5 *